週期

1

2

3

4

5

6

7

重點整理、有效學習！

高中基礎化學

二見總研
二見太郎／著
陳朕疆／譯

前言

　　我撰寫這2本書的目的，是為了幫助第一次接觸高中「化學基礎」與「化學」的同學們更有效率地學好這些課程。

　　第1本《高中基礎化學》的主題是化學理論（化學鍵、基本計算、酸鹼、氧化還原），第2本的《高中化學》除了提到化學理論（化學平衡等）之外，也會講到無機化學、有機化學、高分子化合物以及各種物質的性質。

　　書中有許多插圖，如果一直盯著文字會讓你疲勞的話，不妨簡單看過一張張插圖，先大概了解就好。

　　閱讀本書時，基本上建議從頭開始看起。不過，書中說明淺顯易懂，所以就算從中間看起也可以理解內容。

　　另外，各章節中的「速成重點！」會列出特別需要注意的要點。如果你能在看到「速成重點！」的同時，回想起學過的內容，就表示你已經掌握這些內容了。

　　希望透過這2本書能夠幫助各位提升化學能力。讓我們一起加油吧！

二見總研
二見太郎

本書為日本高中課程中「化學基礎」的參考書。
為了讓學生們「更有效率的學習化學」，因此會用淺顯易懂的方式說明化學原理。
不管是學校課程的預習、複習，還是準備大考，本書都可以幫到你的忙。

速成重點！

各章節中需特別注意的重點。先記住這些
重點，學習本章內容時會更有效率。也可
做為考試前的重點複習。

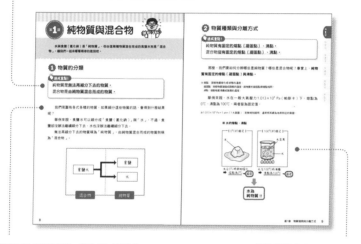

詳細說明「速成重點」的內容。這裡會
用上色的文字或粗體字來強調重要的
專有名詞。

這些簡單明瞭的示意圖，可以
幫助你直觀理解化學現象。

 在講到計算的章節中，會準備練習用的例題。透過例題的解題過程就可以
熟悉各種計算方法。

這些皆為與內文相關的「了解就會很有幫助的內容」或「稍微艱深一些的內
容」。閱讀之後，有助於拓展知識的深度及廣度。特別是「延伸」的部分，
雖然有些超出課程綱要的範圍，但透過這些內容就能夠更加掌握知識的脈
絡。

CONTENTS

第**1**章

物質種類與分離方式

純物質與混合物

第**1**講

水與食鹽（氯化鈉）是「純物質」，但由這兩種物質混合而成的食鹽水則是「混合物」。讓我們一起來看看兩者的差別吧。

1 物質的分類

速成重點！

純物質是**無法再細分下去的物質**。
混合物是**由純物質混合而成的物質**。

　　我們周圍有各式各樣的物質。如果細分這些物質的話，會得到什麼結果呢？

　　舉例來說，食鹽水可以細分成「食鹽（氯化鈉）」與「水」，不過，食鹽卻沒辦法繼續細分下去，水也沒辦法繼續細分下去。

　　無法再細分下去的物質稱為「**純物質**」，由純物質混合而成的物質則稱為「**混合物**」。

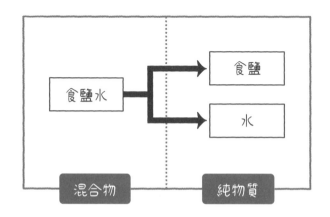

第 1 章
第 2 章
第 3 章
第 4 章
第 5 章
第 6 章

2 物質種類與分離方式

純物質有固定的**熔點（凝固點）、沸點**。

混合物**沒有**固定的**熔點（凝固點）、沸點**。

那麼，我們要如何分辨哪些是純物質？哪些是混合物呢？事實上，**純物質有固定的熔點（凝固點）與沸點**。

※熔點：固態物質熔化成液態的溫度。

　凝固點：液態物質凝固成固態的溫度。純物質的凝固點與熔點相同。

　沸點：液態物質沸騰成氣態的溫度。

舉例來說，水在一般大氣壓力 1.013×10^5 Pa（帕斯卡）下，熔點為 $0℃$，沸點為 $100℃$，兩者皆為固定值。

※ 1.013×10^5 Pa＝1 atm（1大氣壓）：若無特別說明，通常將其視為地表附近的氣壓。

■ **水的熔點、沸點**

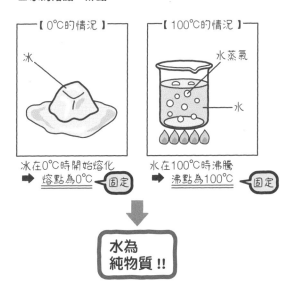

那麼食鹽水又如何呢？食鹽水的熔點（凝固點）低於0℃，沸點高於100℃，但不同濃度（水與食鹽的比例）的食鹽水，會有不同的熔點與沸點。換言之，**混合物沒有固定的熔點（凝固點）或沸點。**

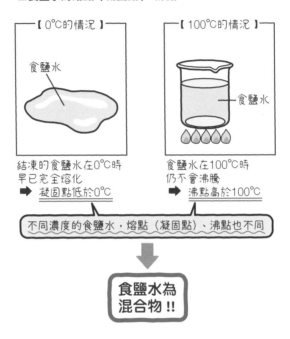

■食鹽水的熔點（凝固點）、沸點

【0℃的情況】

食鹽水

結凍的食鹽水在0℃時早已完全熔化
➡ 凝固點低於0℃

【100℃的情況】

食鹽水

食鹽水在100℃時仍不會沸騰
➡ 沸點高於100℃

不同濃度的食鹽水，熔點（凝固點）、沸點也不同

食鹽水為混合物!!

　　綜上所述，我們可以用熔點（凝固點）、沸點是否為固定值，來分辨純物質與混合物。

　　除了看熔點、沸點是否固定之外，還有其他更簡單的方法可以判斷一種物質是不是混合物，那就是看該物質**是否有「濃」、「淡」的差別**。因為我們可以調配出「不同濃度的食鹽水」，故可以判斷「食鹽水是混合物」。

※水並沒有「濃水」與「淡水」之類的差別，故可判斷「水是純物質」。

第2講 混合物的分離方式

當我們想從混合物中分離出純物質時，應該要怎麼做比較好呢？方法有很多種，讓我們一個個說明吧。

1 過濾

速成重點！

分離液體及不溶於液體之固體的方法＝過濾

若混合物由液體及不溶於液體之固體組成，便可用濾紙等工具進行「過濾」，分離兩者。先來看看過濾的步驟吧。

■ **過濾的步驟**

❶將濾紙摺成四等分 ➡ ➡ ➡ ❷撐開中央部分，加入少許水潤濕 ➡ ❸置於漏斗上

濾紙

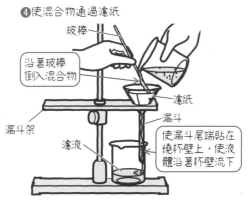

❹使混合物通過濾紙

玻棒

沿著玻棒倒入混合物

濾紙

漏斗

漏斗架

濾液

使漏斗尾端貼在燒杯壁上，使液體沿著杯壁流下

※過濾後的液體就稱為「濾液」。

　　舉例來說，這裡有一杯混有沙子的水（屬於混合物），請思考用過濾將沙子和水分離的情況吧。濾紙上有許多小洞，水可以通過這些小洞流到下方，但沙粒無法通過，所以會殘留在濾紙上，因而能與水分離。

■ 以過濾法分離沙與水（示意圖）

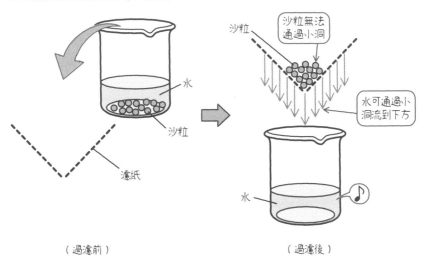

（過濾前）　　　　　　　　　　　　　（過濾後）

2 蒸發

速成重點！

加熱分離液體及溶於液體之固體的方法＝蒸發

　　加熱溶有固態物質的溶液，使液體全部轉變成氣體，也就是「蒸發」之後，便會留下固態物質，使兩者分離。舉例來說，加熱食鹽水，使水「蒸發」之後，便可得到食鹽。

■ 以蒸餾法分離食鹽與水

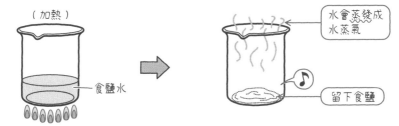

（加熱）

食鹽水

水會蒸發成水蒸氣

留下食鹽

3 蒸餾

速成重點！

將加熱溶液產生的**蒸氣冷卻**，**藉此分離**的方法＝**蒸餾**

　　加熱溶有其他物質的溶液，將產生的蒸氣冷卻而達成分離目的的方法，稱為「蒸餾」。以食鹽水（屬於混合物）為例，請思考用蒸餾將食鹽和水分離的情況吧。加熱食鹽水時只有水會蒸發（水會轉變成氣態的「水蒸氣」）。若蒐集並冷卻這些水蒸氣，水蒸氣便會變回液態的水，故我們可藉此將食鹽水分離成食鹽與水。

■ 以蒸餾法分離食鹽與水

（加熱）

食鹽水

水蒸氣

冷卻這些水蒸氣

食鹽　水

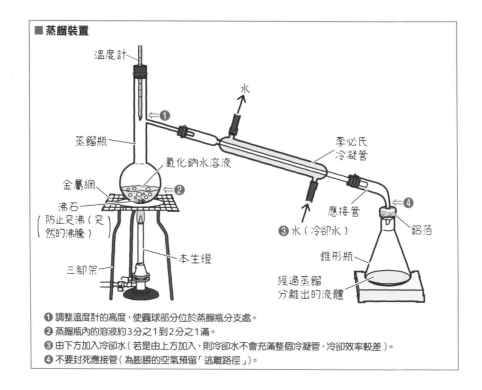

■ 蒸餾裝置

溫度計

水

⇐❶

蒸餾瓶

氯化鈉水溶液

李必氏冷凝管

金屬網

⇐❷

沸石
（防止突沸（突
然的沸騰））

❸ 水（冷卻水）

應接管

⇐❹
鋁箔

本生燈

三腳架

錐形瓶

經過蒸餾
分離出的液體

❶ 調整溫度計的高度，使圓球部分位於蒸餾瓶分支處。
❷ 蒸餾瓶內的溶液約3分之1到2分之1滿。
❸ 由下方加入冷卻水（若是由上方加入，則冷卻水不會充滿整個冷凝管，冷卻效率較差）。
❹ 不要封死應接管（為膨脹的空氣預留「逃離路徑」）。

 分餾

💡 速成重點！

當混合物由2種以上的液體組成時
　　　　利用沸點的差異分離出各種液體＝分餾

　　「分餾」與蒸餾有些類似，不過分餾是利用各物質的沸點差異，**將混有2種液體以上的混合物**分離成各種成分。我們一般會藉由分餾法，將原油分離成不同沸點的石腦油（粗煉汽油）、煤油、柴油、重油。

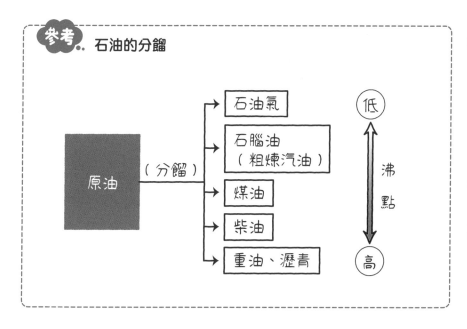

參考. 石油的分餾

5 再結晶

速成重點！

將固體溶於熱水中，再經過冷卻

以**獲得純物質結晶的方法＝再結晶**

　　以少量熱水溶解混有雜質的固體，再待其冷卻後便可得到幾乎無雜質的結晶。這種分離方式稱為「**再結晶（法）**」。

※結晶：所有粒子皆以特定規則排列的固體。

■ 再結晶的步驟

❶ 將含有雜質的固體溶於熱水中

含有雜質的固體

少量熱水

❷ 過濾

難溶於水的雜質

濾液

❸ 冷卻濾液

水溶液內仍溶有微量雜質

幾乎是純物質的結晶

參考 **溶解度與溫度的關係**

　定量液體可溶解的最大物質質量稱為**溶解度**。若雜質「溶解度不易受溫度變化影響」的話，便適合以再結晶法分離物質。

　舉例來說，若有一混合物的主成分是硝酸鉀（KNO_3），混有少量的氯化鈉（$NaCl$）。進行再結晶法時，由於氯化鈉的溶解度不易受溫度影響，故即使冷卻濾液，氯化鈉也不會析出[※]。另一方面，硝酸鉀在水溶液冷卻後無法溶解的部分會析出，得到純粹的硝酸鉀。

[※] 析出：溶於液體內的物質以固態形式出現。

■ 溶解度曲線

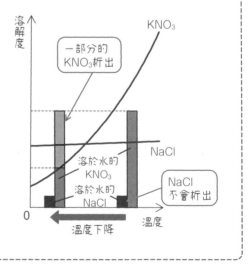

溶解度

KNO_3

一部分的 KNO_3 析出

$NaCl$

溶於水的 KNO_3

溶於水的 $NaCl$

$NaCl$ 不會析出

0

溫度下降　　　溫度

---

6 昇華

第 1 章
第 2 章
第 3 章
第 4 章
第 5 章
第 6 章

速成重點！

將加熱固態物質所產生的**氣體**冷卻，藉此分離的方法＝**昇華**

乾冰為固態二氧化碳，在一般大氣壓力（1.013×10^5 Pa）下不存在液態形式，加熱後會直接從固態轉變成氣態，這種變化稱為「**昇華**」。我們可藉由這種現象來分離物質。

加熱碘與沙的混合物後，只有碘會昇華。藉由冷卻碘氣體，便可得到固態的碘，故這種方法可以分離碘和沙。

■ 用昇華法分離碘與沙

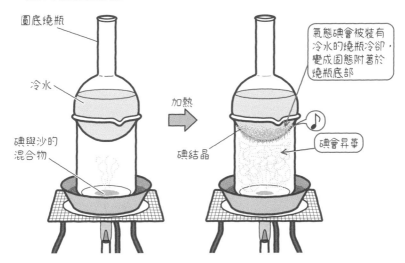

圓底燒瓶

冷水

碘與沙的混合物

加熱

氣態碘會被裝有冷水的燒瓶冷卻，變成固態附著於燒瓶底部

碘結晶

碘會昇華

萃取

將**易溶於液體內的成分**溶解出來的分離方法＝**萃取**

　　將紅茶茶葉放在熱水中，使茶葉內的成分溶解出來，就可得到一杯紅茶。將黃豆碾碎，再加入酒精，就可以溶出大豆油。像這樣用液體溶出特定物質的做法稱為「萃取」。

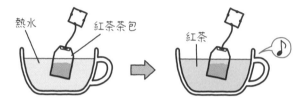

■ **用萃取法分離出紅茶內的成分**

熱水　　　紅茶茶包　　　紅茶

8 **層析**

利用**移動速率差異**來分離物質內各種成分的方法＝**層析**

　　用水性筆在濾紙的一端畫上記號，再將這端浸在水或酒精等展開液內，油墨就會逐漸分離成各種色素成分。這是因為濾紙對各種成分的吸附力不同，所以各種成分的移動速率也不一樣。利用這種性質分離各種成分的方法，稱為「層析」。

※除了使用濾紙的「**紙層析**」之外，使用氣體的「**氣相層析**」亦為常用的層析法。

■ **用紙層析法分離油墨成分**

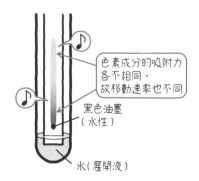

色素成分的吸附力各不相同，故移動速率也不同

黑色油墨（水性）

水（展開液）

第3講 元素、單質、化合物

不同種類的原子稱為不同「元素」。本節的目標是區分「元素」與「單質」的差異。

1 元素

目前[※]已知的元素種類有**118種**。

※2020年1月的時間點

原子是構成物質的基本粒子（→第5講），而不同種類的原子稱為不同「**元素**」。目前已知的元素種類已超過110種，分別以不同的「**元素符號**」表示。

■ **主要元素名稱與元素符號**

元素名稱	元素符號	元素名稱	元素符號	元素名稱	元素符號
氫	H	氖	Ne	氯	Cl
碳	C	鈉	Na	鈣	Ca
氮	N	鎂	Mg	鐵	Fe
氧	O	鋁	Al	銅	Cu
氟	F	硫	S		

欲分辨出現的名稱是指「單質」或「元素」時，先「假設是單質」。

①「過去的礦坑公害，曾使自來水中含**銅**。」

②「導線由**銅**製成」。

假設銅是單質。②的敘述不會與假設矛盾。①的銅如果是單質的話，就表示水龍頭會源源不絕地流出金屬銅。因為這種事不可能發生（銅會以離子形式溶解於水中），故可得知①是元素，②則是單質。

2 單質與化合物

💡 **速成重點！**

由單一元素組成的純物質稱為**單質**。

由2種以上的元素組成的純物質稱為**化合物**。

　　氫氣或氧氣這種僅由單一元素組成的純物質稱為「**單質**」，像水這種由2種以上的元素組成的純物質，則稱為「**化合物**」。

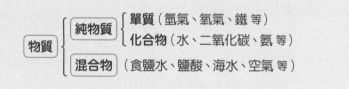

物質
- 純物質
  - **單質**（氫氣、氧氣、鐵 等）
  - **化合物**（水、二氧化碳、氨 等）
- **混合物**（食鹽水、鹽酸、海水、空氣 等）

■ 單質與化合物的例子

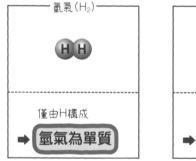

氫氣（H_2）

僅由H構成

➡ **氫氣為單質**

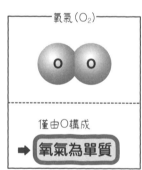

氧氣（O_2）

僅由O構成

➡ **氧氣為單質**

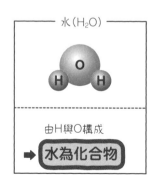

水（H_2O）

由H與O構成

➡ **水為化合物**

第 1 章

第 2 章

第 3 章

第 4 章

第 5 章

第 6 章

3 同素異形體

由相同元素組成、性質卻不同的單質，互為「**同素異形體**」。

　　由相同元素組成的單質，可能擁有不同性質。這些單質彼此互為「**同素異形體**」。

同素異形體的例子

碳（C）：石墨、鑽石、富勒烯
硫（S）：斜方硫、單斜硫、膠狀硫
氧（O）：氧氣、臭氧
磷（P）：黃磷、紅磷

　　以碳元素為例，石墨為黑色的可導電物質，鑽石卻是無色不導電，且相當堅固的結晶。

　　另外，富勒烯是 30 年前左右發現的物質。分子式為 C_{60} 的富勒烯，形狀就像一顆足球。

參考　一氧化碳（CO）與二氧化碳（CO_2）是同素異形體嗎？

　　一氧化碳與二氧化碳皆是由 C 與 O 組成的物質，但兩者並非同素異形體的關係。同素異形體必為「單質」。由相同元素組成的不同「化合物」並不是同素異形體，請特別注意。

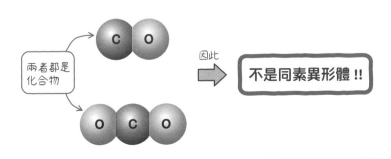

兩者都是化合物

因此 → 不是同素異形體 !!

④ 成分元素檢驗

速成重點！

檢驗物質內含元素的方式
包括「**焰色反應**」與「**沉澱反應**」等。

（1）焰色反應

　　用鉑絲沾一些氯化鈉水溶液，靠近本生燈外焰，焰色會轉變成黃色。這就是「**焰色反應**」，可用於檢驗部分金屬元素。

■ **鈉的檢驗**

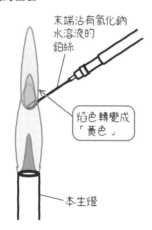

末端沾有氯化鈉
水溶液的
鉑絲

焰色轉變成
「黃色」

本生燈

焰色反應的例子

鈉（Na）⇨	黃		鋇（Ba）⇨	黃綠
鉀（K）⇨	紫紅		鍶（Sr）⇨	深紅
鋰（Li）⇨	紅		銅（Cu）⇨	藍綠
鈣（Ca）⇨	橘紅			

（2）沉澱反應

　　將硝酸銀溶液加入氯化鈉溶液時，會生成氯化銀「**沉澱**」，使水溶液呈白色混濁狀。這裡的「**沉澱**」指的是化學反應所產生難溶於溶液的固態物質。由這個反應可以知道，氯化鈉的成分中含有氯這種元素。

■ 氯的檢驗

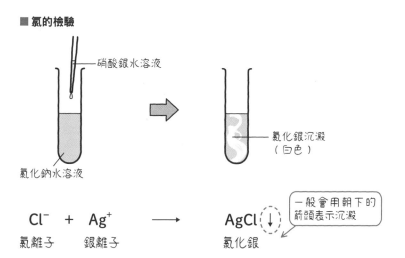

※「離子」是一種帶電粒子。（→第6講）

第4講 物質三態

固態、液態、氣態稱為物質的「三態」。本節讓我們來看看各種狀態的特徵，以及物質如何在狀態之間變化。

分子的熱運動與擴散

💡 **速成重點！**

溫度愈高的分子，移動**速率愈快**。

氣態物質的分子能夠自由飛行於空間中。溫度愈高，氣態分子的飛行速率愈快（＝動能愈大）；溫度愈低，飛行速率愈慢（＝動能愈小）。

■ **分子的熱運動**

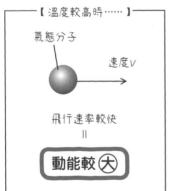

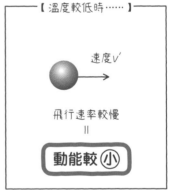

第 1 章
第 2 章
第 3 章
第 4 章
第 5 章
第 6 章

速成重點！

分子在熱運動下散布至整個空間中的現象，稱為**擴散**。

　　不同氣體混合時，每個氣體分子會自行亂飛，最後整個空間的分子組成會趨於一致。

　　舉例來說，將分隔氮氣與溴氣的隔板移除後，兩種氣體的分子皆會逐漸散布至整個空間，最後使整個容器的空氣組成趨於一致，各處都有氮氣分子與溴氣分子，如下圖所示。

　　像這種因為分子的熱運動使物質散布至整個空間的現象，就叫做「擴散」。（第 2 講 **7** 的萃取（p.18）也是利用液體內的分子「擴散」現象來分離物質）

■ 氮氣與溴氣的擴散

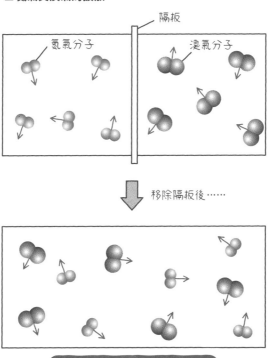

隔板

氮氣分子

溴氣分子

移除隔板後……

在擴散作用下趨於一致

即使溫度相同，**有的分子移動速率較快，有的分子較慢。**

　　氣體分子的移動速率由溫度決定。然而溫度僅能決定「平均速率」。一個空間內常有許多氣體分子，有些分子速率很快，有些很慢，不過速率在平均值附近的分子最多。

■ **例：1000℃的氣體**

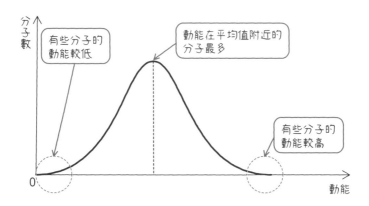

　　溫度愈高，分子的平均速率（＝動能）愈高。而溫度升高也會使各分子的動能落差變得比較大，使動能分布的範圍更廣。

■ **不同溫度下的氣體動能分布**

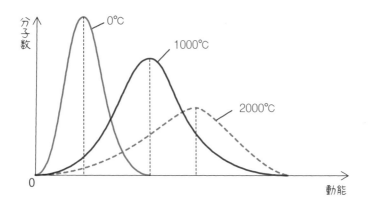

物質的三態

 速成重點！

三態＝**固態、液態、氣態**
物質改變狀態的現象，稱為**狀態變化**。

　　「三態」指的是「**固態**」、「**液態**」、「**氣態**」。以水為例，水的「固態」是冰，「液態」是水，「氣態」是水蒸氣。物質隨著溫度或壓力改變本身狀態（譬如從固態轉變成液態）的現象，稱為「**狀態變化**」。

（1）固態

 速成重點！

固態物質**形狀固定**。

　　固態物質內，構成粒子（原子、分子、離子）間的結合力相當強。各構成粒子可在原本的位置振動，但不能自由移動，所以固態物質會保持固定形狀。

■ **固態物質的粒子示意圖**

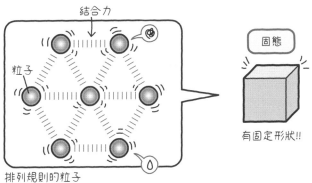

結合力

粒子

排列規則的粒子
無法自由移動

固態

有固定形狀!!

（2）液態

液態物質**可自由改變形狀**。

　　溫度上升後，固態物質的振動速度會愈來愈快，造成粒子間的部分鍵結斷裂，並以由數個粒子組成的「團塊」為單位移動。這種狀態稱為「液態」。

　　液態物質因可自由改變形狀，故能隨著容器形狀而改變。物質從固態轉變成液態的過程稱為「**熔化**」，相反地，從液態轉變成固態的過程則稱為「**凝固**」。

■ **液態物質的分子示意圖**

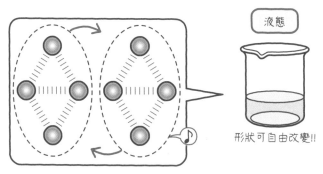

可自由活動的「團塊」

形狀可自由改變!!

液態

「固態→液態」是**熔化**，「液態→固態」是**凝固**。

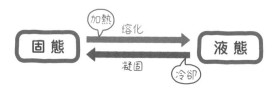

※熔化、凝固的溫度稱為「**熔點**」或「**凝固點**」。水在1.013×10^5 Pa（一般大氣壓力）下的熔點與凝固點皆為0℃（→p.9）。

（3）氣態

速成重點！

氣態物質**可自由改變形狀**。

　　若液態物質的溫度繼續上升，構成粒子的運動速率會變得更快，使所有粒子間鍵結皆斷裂，粒子四散在空間中自由飛舞。這就是「氣態」。氣態物質因可自由改變形狀，故能隨著容器形狀而改變。物質從液態轉變氣態的過程稱為「**蒸發**」，相反地，從氣態轉變成液態的過程稱為「**凝結**」。

■ **氣態物質的分子示意圖**

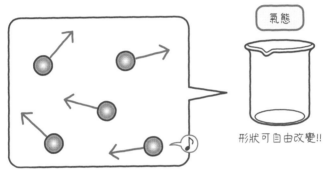

氣態

形狀可自由改變!!

每個分子皆可自由活動

速成重點！

「液態→氣態」是**蒸發**，「氣態→液態」是**凝結**。

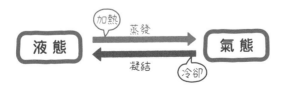

※液體沸騰的溫度稱為「**沸點**」。水在1.013×10^5 Pa（一般大氣壓力）下的沸點為100℃（→p.9）。

（4） 狀態變化

化學變化→原子重新排列。

狀態變化→原子不重新排列。

　　化學領域中的變化多為「化學變化」（→第14講）。化學變化時，必定會發生「原子重新排列」的情況。

■ **化學變化的例子**

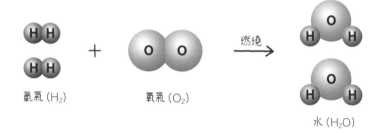

氫氣（H_2）　　　　氧氣（O_2）　　　　　　　　　　　水（H_2O）

燃燒

　　另一方面，冰轉變成水的「熔化」過程中，「水分子內氧原子與氫原子的鍵結」不會產生變化。

　　這種物理性的變化稱為「**狀態變化**」。本節的重點就是「狀態變化」。

■ **狀態變化（物理變化）的例子**

冰（H_2O）　　　　加熱　　　　水（H_2O）

30

速成重點！

「固態→氣態」是**昇華**，「氣態→固態」是**凝華**。

　　購買冰淇淋時，店家有時會附贈保冷用乾冰。乾冰的成分是二氧化碳（**CO$_2$**）。在 1.013×10^5 Pa（一般大氣壓力）下，二氧化碳不存在液態形式，而是直接從固態轉變成氣態。這種變化稱為「**昇華**」。相對的，從氣態直接轉變成固態的過程則稱為「**凝華**」。

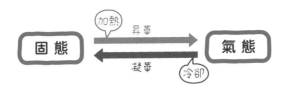

　　會昇華的物質中，請先記住「**二氧化碳**」、「**碘**」、「**萘**」等三種物質。

速成重點！

會昇華的物質包括「**二氧化碳**」、「**碘**」、「**萘**」。

　　各種狀態間的變化可用下圖表示。

■ **物質的狀態變化**

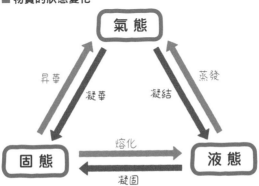

第 1 章

第 2 章

第 3 章

第 4 章

第 5 章

第 6 章

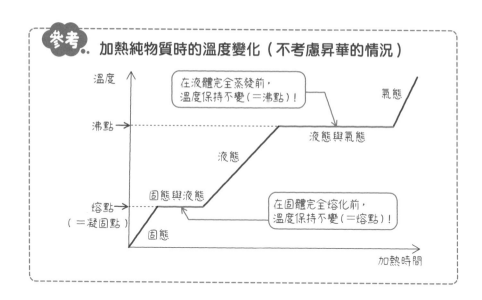

參考 加熱純物質時的溫度變化（不考慮昇華的情況）

溫度

在液體完全蒸發前，溫度保持不變（＝沸點）！

氣態

沸點

液態與氣態

液態

熔點
（＝凝固點）

固態與液態

在固體完全熔化前，溫度保持不變（＝熔點）！

固態

加熱時間

速成重點！

加熱純物質時的溫度
　固態與液態共存時→**保持在熔點**。
　液態與氣態共存時→**保持在沸點**。

3 絕對溫度

速成重點！

絕對溫度〔K〕為常用的攝氏溫度〔℃〕加上273。

　　物質溫度下降時，振動速率（＝能量）會愈來愈慢；降至－273℃時，振動速率會減至0。

　　因此，物質的溫度不可能低於－273℃，這個溫度又稱為「**絕對零度**」。

　　若將絕對零度設為0度，可得到「**絕對溫度**」，單位為「**K（克耳文）**」。

　　設我們平常使用的攝氏溫度為 t〔℃〕，絕對溫度為 T〔K〕，那麼兩者的關係可表示為「$T = t + 273$」。

　　舉例來說，－273℃＝0 K（絕對零度）

$$0℃ = 273 \text{ K}$$
$$27℃ = 300 \text{ K}$$

■ 絕對溫度與攝氏溫度的關係

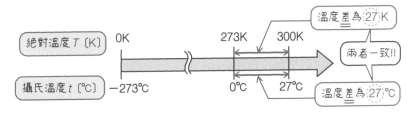

※要注意的是，平常用的攝氏溫度〔℃〕與絕對溫度〔K〕的差別只在於「兩者相差273」。計算「溫度差」時，會得到相同數值。
舉例來說，27℃與0℃的溫度差為27－0＝27〔℃〕；以絕對溫度計算時，會變成300－273＝27〔K〕。兩者算出來的溫度差一致。

抽氣過濾

前面我們學過了如何利用「過濾」來分離混合物，這裡則要介紹「抽氣過濾」的方法。閱讀時請做為參考即可。

如果需要過濾的固態粒子太細，使液體通過濾紙的速度過慢的話，就可以藉由改變壓力的方式，讓液體加速通過濾紙，這就是抽氣過濾。

這種方法會用到抽氣器。自來水流過抽氣器時，可降低內部壓力。架設裝置如下圖，當水流過時，可帶動抽氣器內部的空氣與水排出，使壓力降低，並吸引過濾瓶內的空氣。同時，漏斗內的液體也會被往下吸入過濾瓶，使過濾效率大幅提升。

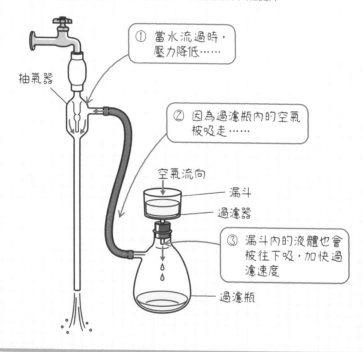

第**2**章

構成物質的
粒子

第5講 原子結構

原子是構成物質的最小單位，那麼原子本身又有什麼樣的結構呢？事實上，原子的質量幾乎集中在小小的原子核上。

❶ 原子、分子

> 💡 **速成重點！**
>
> 「**原子**」是**構成物質的基本粒子**。
> 多個原子彼此鍵結，可形成「**分子**」。

「**原子**」是構成物質的基本粒子。原子非常小，直徑只有約10^{-10} m（100億分之1m）。

另外，原子可藉由共價鍵（→第9講❹）彼此連結，形成被稱為「**分子**」的粒子。

「**分子式**」可表示分子的組成，包含元素符號與原子數。分子式中，原子數會寫在元素符號的右下角，原子數為1時則省略。

不論物質狀態為何，分子式都相同。舉例來說，冰、水、水蒸氣的分子式都是「H_2O」。

■ 分子式範例

	氫	氧	二氧化碳	水
分子式	H_2	O_2	CO_2	H_2O （冰和水蒸氣也相同!!）
分子模型	HH	O O	O C O	O H　H

第1章

第2章

第3章

第4章

第5章

第6章

② 原子的結構

原子的結構：基本上由原子核（**質子＋中子**）與電子構成。

原子中心有1個帶有正電荷的「**原子核**」，其周圍則環繞著帶有負電荷的「**電子**」。此外，原子核內有帶正電荷的「**質子**」以及不帶電的「**中子**」。

原子的直徑約為 10^{-10} m，原子核的直徑約為 $10^{-15} \sim 10^{-14}$ m。

■ **原子的結構（例：氦原子核）**

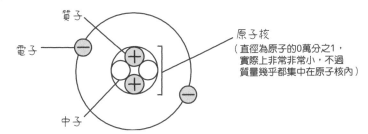

質子

電子

原子核
（直徑為原子的0萬分之1，實際上非常非常小，不過質量幾乎都集中在原子核內）

中子

電子的質量相當小，約為質子與中子的1840分之1，因此「**原子核的質量**」幾乎就等於原子的質量。

質子、中子、電子的質量與電荷分別如下所示。

		質量（g）	質量比	電荷
原子核	質子	1.673×10^{-24}	1	+1
	中子	1.675×10^{-24}	1	0
電子		9.109×10^{-28}	約 $\frac{1}{1840}$	−1

※ 電荷的「1」為 1.602×10^{-19} C（庫倫），1 mol（≒ 6.02×10^{23} 個）（→第12講 **3**）電荷的帶電量則為96500 C。

原子序與質量數

質量數＝質子數＋中子數

「**原子序**」等於原子核內的質子數。「**質量數**」則是原子核內的質子數與中子數之和。

■ 原子的表示方式（例：鈉）

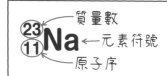

如前頁所述，**電子的質量小到可以無視**，因此原子質量由「質子數＋中子數」決定。

標記原子序時，會寫在元素符號的「左下」，質量數會寫在元素符號的「左上」。所以 $^{23}_{11}$Na 的原子核內有「11個質子」（原子序為11）與「12個中子」（因質量數為23，故 23 － 11＝12）。

原子序＝質子數

質量數＝質子數＋中子數

〈以Na為例〉 ㉓ ＝ ⑪ ＋ ⑫

再來，原子為**電中性**，也就是「不帶電」！換言之，正電荷數（質子數）與負電荷數（電子數）相等，故鈉原子有「11個電子」。

原子序＝質子數＝電子數

〈以 Na 的電荷為例〉 (+11) ＋ (−11) ＝0（電中性）

※質子數與電子數不同時，整個粒子會帶正電或帶負電，這種粒子稱為「離子」。叫做「原子」的一定是「電中性」。請特別注意！

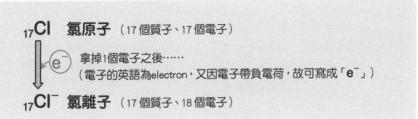

$_{17}Cl$　**氯原子**（17個質子、17個電子）

　　e^-　拿掉1個電子之後……
　　（電子的英語為electron，又因電子帶負電荷，故可寫成「e^-」）

$_{17}Cl^-$　**氯離子**（17個質子、18個電子）

④ 同位素

速成重點！

> 同位素之間**只有中子數不同**。

　　原子序相同，質量數不同的原子彼此互為「**同位素**」。因為「原子序＝質子數」，且「質量數＝質子數＋中子數」，故同位素之間「**只有中子數不同**」。

■ 同位素的例子

氫	^1_1H 氫 （質子數1 中子數0） ※佔99%以上	^2_1H 氘 （質子數1 中子數1）	^3_1H 氚 （質子數1 中子數2）
碳	$^{12}_6C$ （質子數6 中子數6） ※約佔99%	$^{13}_6C$ （質子數6 中子數7）	$^{14}_6C$ （質子數6 中子數8）
氯	$^{35}_{17}Cl$ （質子數17 中子數18） ※約佔75%	$^{37}_{17}Cl$ （質子數17 中子數20） ※約佔25%	

放射性同位素
（釋出放射線後衰變）
※僅存在微量。

半衰期約為5730年
（可用於遺跡的年代測定）

※注意，同位素的質子數相同，中子數不同!!

放射性同位素的應用

為什麼放射性同位素^{14}C可用於遺跡的年代測定呢？

活著的樹木會從大氣中吸取二氧化碳，持續補充^{14}C，故體內的^{14}C佔所有C元素的比例會保持一定。樹木死亡後便無法補充^{14}C，體內的^{14}C會陸續釋出放射線而減少其數量。死亡後埋在地下的樹木，體內的^{14}C每經過約5730年會減少一半（放射性元素減少一半所需要的時間稱為「半衰期」）。

■ ^{14}C的年代測定

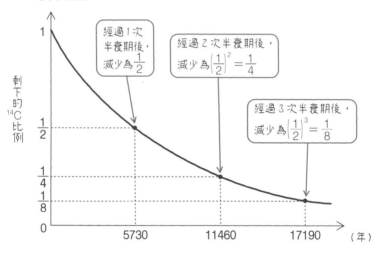

第**6**講 電子組態與離子

電子在原子核周圍的固定區域繞行。其中，位於最外側的電子數可決定原子的性質。

1 電子殼層

> 電子殼層可填入的電子數為$2n^2$個。

　　位於原子核周圍的電子，並非到處亂跑，而是在固定的區域繞行。這個區域稱為「**電子殼層**」。電子殼層可以分成多個殼層，從最內側的殼層算起，分別是K層、L層、M層……一直到Q層。第n個電子殼層可填入「$2n^2$個」電子。也就是說，K層可填入2個電子、L層可填入8個電子、M層可填入18個電子、N層可填入32個電子。

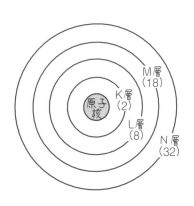

電子殼層的電子數最多為$2n^2$個

K層（$n=1$）　$2×1^2 = 2$〔個〕

L層（$n=2$）　$2×2^2 = 8$〔個〕

M層（$n=3$）　$2×3^2 = 18$〔個〕

N層（$n=4$）　$2×4^2 = 32$〔個〕

※愈內側的電子殼層，能量愈低。

低　↑能量↓　高

2 電子組態

電子會依照K層、L層、M層……的順序（能量由低到高）填入電子殼層。

　　原子中電子的數量與原子序相同（原子序等於質子數，且原子的淨電荷為0，故電子數與質子數相等）。

　　電子會從低能量的電子殼層開始填入，故會依照K層、L層、M層……的順序填入。電子在電子殼層內的分布情況，稱為「**電子組態**」。

　　來看看如何表示電子組態吧。以氧原子為例，氧的原子序為「8」，故電子數亦為「8」。

　　首先將電子填入K層，K層的容量為2個電子，故第3個電子開始需填入L層。將剩下的6個電子全部填入L層後，便可得到氧的電子組態。

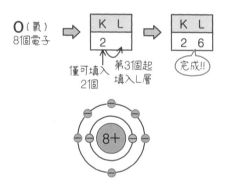

　　接著，以鈉原子進行練習吧。鈉的原子序為「11」，故電子數亦為「11」。

　　與氧同樣從K層開始填入前2個電子，第3個電子起需填入L層。L層的容量為8個電子，填完L層後還多出1個電子，因此將這最後1個電子填入M層後完成。

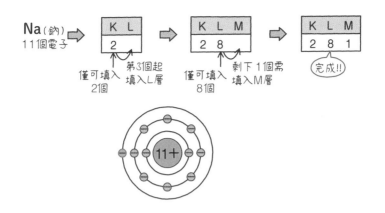

若想學會如何正確寫出電子組態……沒錯！只要「記住原子序」就可以了!!知道電子數之後，就可以從K層開始依序將電子逐一填入。**在原子序18的氬以前的元素，都可以用這種方式寫出電子組態，請務必牢牢記住這個規則！**

■氬（原子序18）之前的原子的電子組態

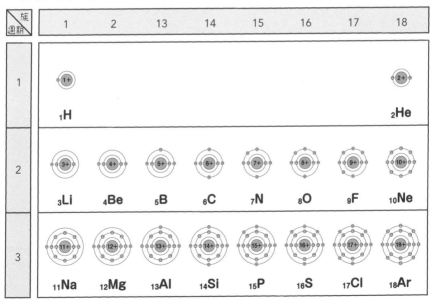

※⊖表示電子，最外側電子層內的1～7個電子（稱為**價電子**。→p.45）特別以⊖表示（但惰性氣體除外）。

3 惰性氣體（稀有氣體）的電子組態

惰性氣體的**電子殼層相當穩定**。

　　微量存在於空氣的氦、氖、氬等氣體屬於「**惰性氣體（稀有氣體）**」。這些原子的最外側電子殼層內都有8個電子（氦原子只有K層的2個電子）。

　　K層以外的電子殼層，在含有8個電子的狀態下最為穩定。舉例來說，M層可填入18個電子，N層可填入32個電子，但「填入8個電子時最為穩定[※]」。

※這也稱為「八隅體規則（Octet rule）」。Octet源自希臘文的octo，是「8」的意思。

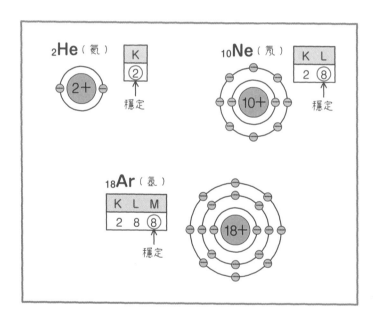

惰性氣體的電子組態相當穩定，不易與其他原子結合（考試時，請把惰性氣體視為「不會與其他原子結合」）。而且，單一原子就能穩定存在（氫等原子需形成「**雙原子分子**」才能穩定，惰性氣體卻能以「**單原子分子**」的形式存在）。

■ **單原子分子與雙原子分子**

氬

氫

4 價電子

💡 **速成重點！**

價電子數為**最外層電子數**（惰性氣體為0）。

位於最外側電子層的電子稱為「**最外層電子**」。位於最外層的1～7個電子在原子間的鍵結扮演著重要角色，又叫做「**價電子**」。其中，惰性氣體的原子不易與其他原子結合，故**價電子數為「0」**。

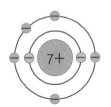

$_7$N（氮）
最外層電子數為5
價電子數為5

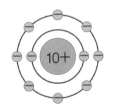

$_{10}$Ne（氖）
最外層電子數為8
價電子數為0

元素符號	H	He	Li	Be	B	C	N	O	F	Ne
最外層電子數	1	2	1	2	3	4	5	6	7	8
價電子數	1	0	1	2	3	4	5	6	7	0

元素符號	Na	Mg	Al	Si	P	S	Cl	Ar	K	Ca
最外層電子數	1	2	3	4	5	6	7	8	1	2
價電子數	1	2	3	4	5	6	7	0	1	2

5 離子

速成重點！

失去電子後，會變成**陽離子**。
獲得電子後，會變成**陰離子**。

原子原本為電中性（淨電荷為0），在失去或獲得電子後可帶有電荷。原本帶有電荷的原子或原子團（一群原子）稱為「離子」。電子帶負電荷，故**獲得電子後會變成帶負電荷的「陰離子」**，相反地，**失去電子後則會變成帶正電荷的「陽離子」**。

原子會傾向於轉變成與惰性氣體的電子組態最為接近的情況。例如，價電子較少（1個、2個）的原子會丟出這些價電子，成為電子組態與惰性氣體相同的陽離子；價電子較多（6個、7個）的原子則會吸入其他電子，成為電子組態與惰性氣體相同的陰離子。

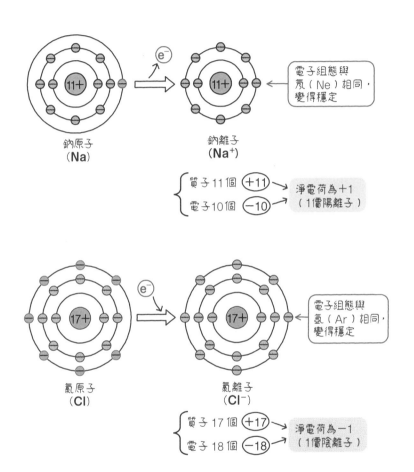

鈉原子
（Na）

鈉離子
（Na⁺）

電子組態與
氖（Ne）相同，
變得穩定

質子11個 ⊕11 → 淨電荷為+1
電子10個 ⊖10 →（1價陽離子）

氯原子
（Cl）

氯離子
（Cl⁻）

電子組態與
氬（Ar）相同，
變得穩定

質子 17 個 ⊕17 → 淨電荷為−1
電子 18 個 ⊖18 →（1價陰離子）

第 1 章
第 2 章
第 3 章
第 4 章
第 5 章
第 6 章

離子的電荷大小稱為「**價數**」。舉例來說，鈉離子是「**1價陽離子**」、鎂離子是「**2價陽離子**」、氯離子是「**1價陰離子**」、碳酸根離子是「**2價陰離子**」。請牢記主要離子及其化學式（離子式）。

1價陽離子
鈉離子　Na^+
鉀離子　K^+
氫離子　H^+
銨離子　NH_4^+

1價陰離子
氯離子　　　　Cl^-
氫氧根離子　　OH^-
碳酸氫根離子　HCO_3^-
硝酸根離子　　NO_3^-

2價陽離子
鎂離子　　　Mg^{2+}
鈣離子　　　Ca^{2+}
鐵（Ⅱ）離子　Fe^{2+}
銅（Ⅱ）離子　Cu^{2+}

2價陰離子
氧離子　　　O^{2-}
硫離子　　　S^{2-}
碳酸根離子　CO_3^{2-}
硫酸根離子　SO_4^{2-}

3價陽離子
鋁離子　　　Al^{3+}
鐵（Ⅲ）離子　Fe^{3+}

3價陰離子
磷酸根離子　PO_4^{3-}

※ Na^+與Cl^-這種由單一原子構成的離子又叫做「**單原子離子**」，CO_3^{2-}與OH^-這種由2個以上的原子所組成的離子又叫做「**多原子離子**」。

第7講 元素週期表

原子序愈大，電子數也跟著增加，同時，原子性質會出現「週期性的變化」。週期表就是元素「依照原子序」排列而成的表。

1 元素週期律

速成重點！

拿走原子的1個電子（使其成為1價陽離子）所需要的能量稱為「游離能」。

將元素依照原子序排列時，性質相似的元素會週期性地出現。這種週期性稱為**元素「週期律」**。週期律與原子的電子組態（特別是價電子數）有密切關聯。

從1個原子中拿走1個電子，使其成為1價陽離子所需要的能量，稱為「**游離能**[※]」（→第8講）。游離能也有週期性變化。惰性氣體的游離能相當大（惰性氣體相當穩定，故拿走電子時需要的能量也特別大）。

※ 說得準確一點，應該是「第1游離能」。

■ 原子序增加時，價電子數與游離能的改變

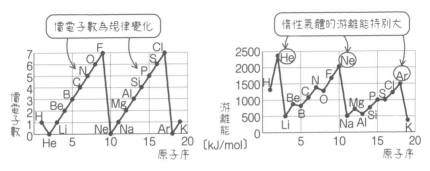

※ 游離能的單位為kJ（千焦耳）/mol。我們將在第12講 **3** 中說明什麼是mol。

❷ 元素週期表

💡**速成重點！**

週期數與「**電子殼層數**」一致。

依照原子序排列元素，並將性質相似的元素排在同一縱行後，得到的表稱為「**週期表**」。

每個週期表的橫列稱為「**週期**」，由上而下依序為第1週期、第2週期、……、第7週期。**週期數與「電子殼層數」一致**。另外，縱行稱為「**族**」，由左而右依序為第1族、第2族、……、第18族。

週期表上屬於同一個族的元素也叫做「**同族元素**」。

■ **元素週期表**

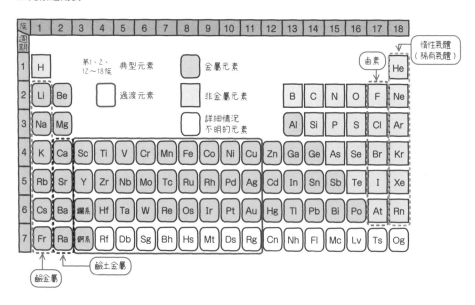

門得列夫與週期表

俄羅斯的門得列夫於1869年發現週期律。他將元素依照原子量排序，發現元素性質會週期性出現，於是他製作了元素表，並預留空格給尚未發現的元素使用。其中1個當時尚未發現的元素被暫時命名為擬矽（eka-silicon），就是後來發現的鍺。

③ 主要典型元素的性質

週期表中的第1族、第2族、第12～18族元素被稱為「**典型元素**」。典型元素有以下特徵。

① 多數典型元素只有1種氧化數（→第17講 **②**），特別是典型元素中的金屬元素。氧化數與族的編號有密切關係。
② 多會形成無色離子、白色化合物。
③ 多數典型元素的密度偏小。

（1）第18族

位於週期表最右行（第18族）的元素稱為「**惰性氣體（稀有氣體）**」。包含**氦**（He）、**氖**（Ne）、**氬**（Ar）等元素。

最外層有8個電子（氦只有K層，所以最外層僅可填入2個電子）的電子組態稱為「**閉合電子層**」，非常穩定。故惰性氣體的價電子數為「0」。

（2）第1族

第1族位於週期表最左行。第1族中除了氫（H）以外，都屬於「**鹼金屬**」，包含**鋰**（Li）、**鈉**（Na）、**鉀**（K）等元素。

這些元素都有1個價電子，擁有容易失去價電子，「**形成1價陽離子**」的性質。

$$Li \longrightarrow Li^+ + e^-$$
鋰離子
$$Na \longrightarrow Na^+ + e^-$$
鈉離子
$$K \longrightarrow K^+ + e^-$$
鉀離子

※p.39也有提到，電子的英語是「electron」。化學式會用首字母「e」來表示電子，再加上負電荷，寫成「e^-」。

（3）第2族

第2族位於週期表左邊算來第2行。第2族元素中，位置在鈣（Ca）下方的元素稱為「**鹼土金屬**」，包括**鈣**（Ca）、**鍶**（Sr）、**鋇**（Ba）等元素。這些元素都有2個價電子，擁有容易失去價電子，「**形成2價陽離子**」的性質。（鎂（Mg）雖然也是第2族元素，卻不是鹼土金屬[※]！）

$$Mg \longrightarrow Mg^{2+} + 2e^-$$
鎂離子
$$Ca \longrightarrow Ca^{2+} + 2e^-$$
鈣離子
$$Sr \longrightarrow Sr^{2+} + 2e^-$$
鍶離子
$$Ba \longrightarrow Ba^{2+} + 2e^-$$
鋇離子

※譯註：此為日本的習慣。台灣和香港一般也會將鎂視為鹼土金屬。

(4) 第17族

第17族位於週期表右邊算來第2行,也稱為「**鹵素**」,包括**氟**(F)、**氯**（Cl）、**溴**（Br）、**碘**（I）等元素。

這些元素都有7個價電子,擁有容易獲得1個電子,「**形成1價陰離子**」的性質。

$$F_2 \ + \ 2e^- \longrightarrow 2F^-$$
氟離子

$$Cl_2 \ + \ 2e^- \longrightarrow 2Cl^-$$
氯離子

$$Br_2 \ + \ 2e^- \longrightarrow 2Br^-$$
溴離子

$$I_2 \ + \ 2e^- \longrightarrow 2I^-$$
碘離子

延伸 **鹵素單質**

元素單質多以**雙原子分子**的形式存在(譬如氯氣的分子式為「Cl_2」)。常溫(20℃左右)常壓(一般大氣壓力:1.013×10^5 Pa(帕斯卡))下,鹵素單質中的氟(F_2)與氯(Cl_2)為氣態,溴(Br_2)為液態,碘(I_2)為固態。「常溫常壓下,以液態形式存在的元素」僅有溴(Br)與汞(Hg)2種。

過渡元素的性質

過渡元素的性質之後將會詳細介紹。這裡先讓我們看一些簡單的介紹。

週期表中，第3族至第11族的元素為「過渡元素」，具有以下的特徵。

① 皆為金屬。

② 單質多擁有高熔點。（例：W（鎢）的熔點約為3240℃）

③ 單質多擁有高密度。（例：Pt（鉑）的密度為21.45 g/cm^3）

④ （溶於水中時）多會形成有色離子。（例：Fe^{2+}（淡綠色）、Cu^{2+}（藍色））

⑤ 多會形成錯離子（→第9講 **5**）。

⑥ 多可做為催化劑。（例：Pt、Fe、Ni）

⑦ 擁有多種氧化數，氧化數通常與族編號無關。

（例：Mn^{2+}（Mn的氧化數：＋2）、MnO_2（Mn的氧化數：＋4）、MnO_4^-（Mn的氧化數：＋7））※

⑧ 週期表上同一橫列的過渡元素擁有相似性質。（第8、9、10族）

※氧化數的計算將於第17講 **2** 中講解。

非金屬元素與金屬元素

第1章
第2章
第3章
第4章
第5章
第6章

> **速成重點！**
>
> 非金屬元素的**陰電性較強**。
> 金屬元素的**陽電性較強**。

（1）非金屬元素

　　碳、氧、氮、氯等不屬於金屬的元素，稱為「**非金屬元素**」，位於週期表「右上」。除了惰性氣體以外，它們的價電子較多（一般在5個以上），**傾向於獲得電子，形成陰離子**（這種性質稱為「**陰電性強**」）。

（2）金屬元素

　　鐵、銅、銀、金、鈉等元素皆為「**金屬元素**」。單質**具金屬光澤，擁有高導電度、高導熱度、易變形（擁有高展性、高延性**[※]）等特徵。位於週期表「左下至中央」。價電子數少（通常在3個以下），**傾向於失去電子，形成陽離子**（這種性質稱為「**陽電性強**」）。

※ 展性：易打成薄片狀的性質。
　延性：易拉長成線狀的性質。

專 欄　什麼是類金屬？

　　週期表中，「金屬元素與非金屬元素的交界」相當重要，一定要牢牢記住這區元素的性質。那麼，位於這個交界附近的元素有什麼樣的性質呢？

　　交界附近的元素中，部分元素的性質介於金屬與非金屬之間，稱為「類金屬」。這些元素的導電能力介於金屬與非金屬之間，故可製成「半導體」材料。最有名的半導體材料包括矽（Si）與鍺（Ge）。

※ 像金屬這種可以讓電流通過的物質，稱為「導體」。除了石墨之外，多數非金屬皆無法讓電流通過，屬於「絕緣體」。電流通過程度介於兩者之間的物質則稱為「**半導體**」。

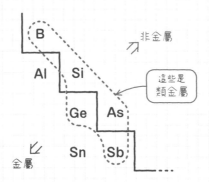

過去人們常用鍺製成半導體，現在則改用矽（silicon）製成。

在矽晶體內混入微量的硼（B）或磷（P）等雜質後，可製成商用半導體。

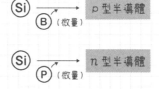

游離能、電子親和力、電負度

　　「游離能」、「電子親和力」、「電負度」皆為表示原子性質時的重要指標（常出現在考題中）。以下將詳細介紹它們的定義。

1 游離能

> 速成重點！
>
> 一般而言，週期表上**愈靠左下的元素，游離能愈小**；
> **愈靠右上的元素，游離能愈大。**

　　前面有提到，（**第1**）**游離能**是從1個原子中拿走1個電子時需要的能量（→第7講）。

■ 鈉的游離能

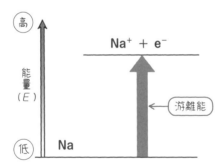

　　鈉等鹼金屬只有1個價電子，而這個價電子相當容易失去，故游離能相當小。另一方面，氦等惰性氣體十分穩定，故游離能相當大。也就是說，一般而言，「**週期表上愈靠左側的元素，游離能愈小；愈靠右側的元素，游離能愈大**」。

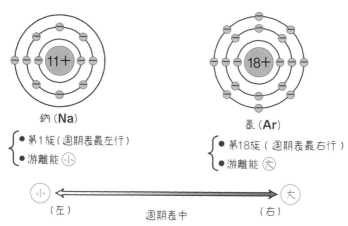

■ 游離能與週期表的關係〈比較相同週期（同一橫列）的元素〉

鈉（**Na**）

- 第1族（週期表最左行）
- 游離能 ⑴

氬（**Ar**）

- 第18族（週期表最右行）
- 游離能 ⑦

（左）　　週期表中　　（右）

另外，同屬於鹼金屬的元素中，原子半徑愈大，價電子離原子核愈遠，所以用較小的能量就能取走1個電子。位於週期表愈下方的元素，原子半徑愈大。也就是說，「**週期表上愈下方的元素，游離能愈小**」。

■ 游離能與週期表的關係〈比較相同族（同一縱行）的元素〉

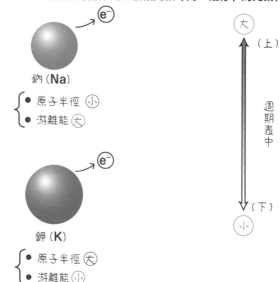

鈉（**Na**）

- 原子半徑 ⑴
- 游離能 ⑦

鉀（**K**）

- 原子半徑 ⑦
- 游離能 ⑴

（上）

週期表中

（下）

綜上所述可以得到，一般而言，「週期表上愈靠左下的元素，游離能愈小；愈靠右上的元素，游離能愈大」。游離能最大的元素，就是位於週期表右上角的**氦**（He）。

■ 游離能與週期表的關係（整理）

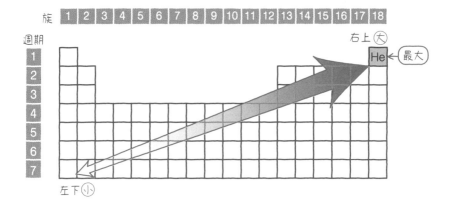

速成重點！
游離能**最大**的元素是氦（He）。

❷ 電子親和力

1個原子獲得1個電子時釋放出的能量稱為「**電子親和力**」，可以想成是與游離能相反的概念。

易獲得電子的**鹵素**，**電子親和力也較大**。

※電子親和力的名稱中雖然有「力」這個字，但實際上是「能量」。

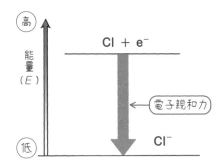

■ 氯的電子親和力

3 電負度

 速成重點！

一般而言，週期表中**愈靠左下的元素，電負度愈小**；
愈靠右上的元素，電負度愈大。

「**電負度**」是原子間以共價鍵（原子間的結合方式→第9講 **4**）結合時，各原子吸引共用電子對的強度指標。

簡單來說，電負度就是「原子吸引電子的強度」。電負度與游離能類似，一般而言，「**週期表中愈靠左下的原子，電負度愈小；愈靠右上的原子，電負度愈大**」。惰性氣體不會形成穩定的化學鍵，故**惰性氣體的電負度無法定義**。

電負度最大的元素是**氟**（F）。

第1章
第2章
第3章
第4章
第5章
第6章

■ 電負度與週期表的關係

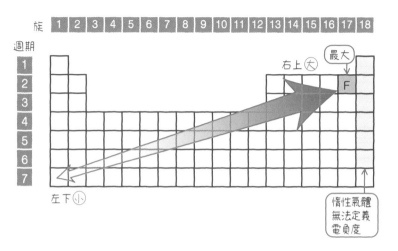

速成重點！

電負度最大的元素是氟（F）。

■ 電負度數值

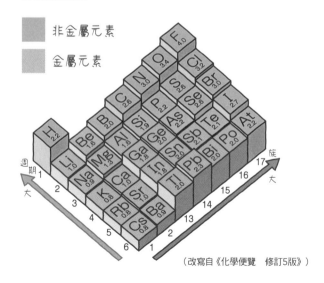

（改寫自《化學便覽　修訂5版》）

讓我們重新看一遍金屬與非金屬元素在週期表上的分布吧。除了氫H以外，所有非金屬元素都位於週期表「右上」。

由此可以知道「**非金屬元素的電負度較大，金屬元素的電負度較小**」。也就是說，對電子的態度上，金屬元素比較「慷慨」，非金屬元素則比較「貪心」。

■電負度與週期表的關係（金屬元素與非金屬元素）

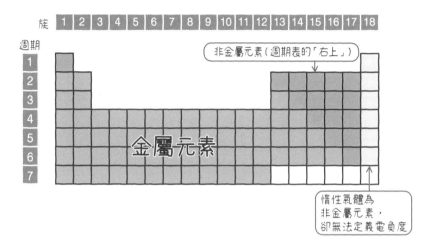

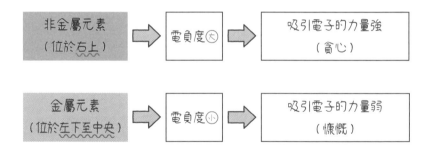

💡**速成重點！**

非金屬對電子的態度比較貪心。

金屬對電子的態度比較慷慨。

第9講 化學鍵

化學鍵是「粒子（原子、離子）間的結合」，結合力非常強。將化學鍵分成「金屬」與「非金屬」來思考，是理解相關內容的關鍵。

1 化學鍵

化學鍵為**粒子（原子、離子）間的結合**→「**結合力很強**」

「**化學鍵**」是粒子（原子、離子）間的結合。因為粒子（原子、離子）間的距離很短，所以結合力「**非常強**」。

首先，將原子分成2種，「**非金屬**」與「**金屬**」。碳、氮、氧、氯等元素屬於「非金屬」；鈉、鉀、鈣、鐵、銅等元素屬於「金屬」。

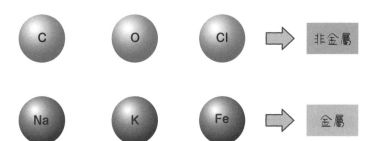

讓我們複習一下前面的內容。非金屬元素位於週期表右上的位置，電負度較大，對電子的態度比較貪心。金屬位於週期表左下至中央的位置，電負度較小，對電子的態度比較慷慨。

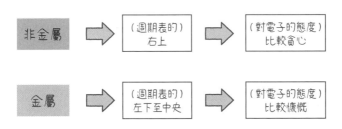

原則上，化學鍵可分為3種。**金屬與金屬**之間以**金屬鍵**連接；**金屬與非金屬**之間以**離子鍵**連接；**非金屬與非金屬**之間以**共價鍵**連接。

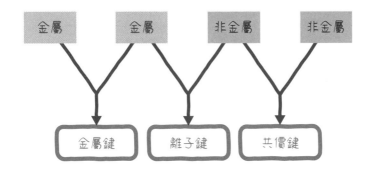

② 金屬鍵

金屬與金屬之間會形成金屬鍵。
存在自由電子。

　　金屬元素的原子間會形成「**金屬鍵**」。金屬元素對電子的態度比較慷慨，會互相推讓電子給彼此，故原子會釋放出電子，形成陽離子。被釋放出來的電子則會在金屬內自由運動，這些電子也稱為「**自由電子**」。因為金屬內存在自由電子，所以**金屬容易導電及導熱**。

■ 金屬鍵（例：鈉）

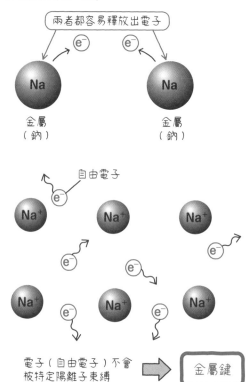

66

3 離子鍵

速成重點！

金屬與非金屬之間會形成離子鍵。

離子鍵靠**靜電力（庫倫力）**連結。

以氯化鈉為例。氯為「比較貪心」的非金屬，鈉則是「比較慷慨」的金屬。氯容易吸收電子，鈉容易放出電子，故電子會從鈉轉移到氯上，使氯原子變成**陰離子**（氯離子），鈉原子變成**陽離子**（鈉離子）。陽離子與陰離子可藉由**靜電力（庫倫力）**彼此吸引，這種連接稱為「**離子鍵**」。

■ **離子鍵（例：氯化鈉）**

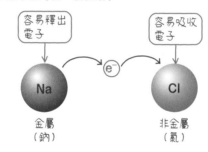

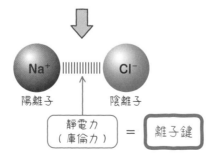

銨離子可以和非金屬形成離子鍵。

　　一般來說「金屬與非金屬會以離子鍵連接」，但也有例外。舉例來說，氯化銨（NH_4Cl）雖然都由非金屬元素構成，但因為銨離子（NH_4^+）為陽離子，故可和氯離子形成離子鍵。

■ 例外的離子鍵（例：氯化銨（NH_4Cl））

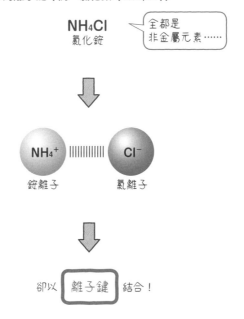

※ 銨離子（NH_4^+）內的鍵結為「共價鍵」（詳情請見→p.76）。

共價鍵

（1）共價鍵

以共價鍵結合的原子「**電子組態與惰性氣體相同**，故相當穩定」。

　　非金屬原子連接在一起時，原子彼此會拿出自己的價電子與另一個原子共用。這種鍵結稱為「共價鍵」。

　　要注意的是，共用價電子之後，各原子「**電子組態與惰性氣體相同，故相當穩定**」。

■ 共價鍵（例：水（ H_2O ））

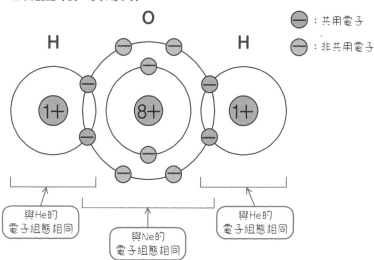

　　原子彼此**各出1個電子所形成的共價鍵**，稱為「單鍵」。

　　同樣的，**各出2個電子所形成的共價鍵**，稱為「雙鍵」；**各出3個電子所形成的共價鍵**，稱為「三鍵」。

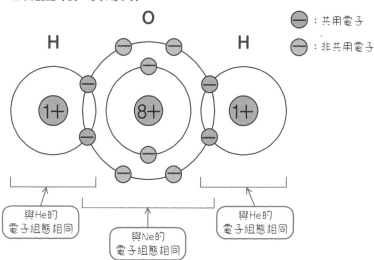

（2）結構式與分子的形狀

速成重點！

結構式是用化學式表現出分子內的共價鍵。

　　「**結構式**」是將分子內的共價鍵用化學式表示。用以表示共價鍵的線段稱為「**鍵標**」。

① 單鍵→各出1個電子
例：氫氣（H_2）

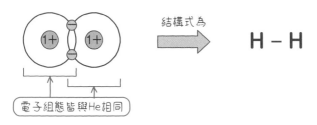

② 雙鍵→各出2個電子
例：二氧化碳（CO_2）

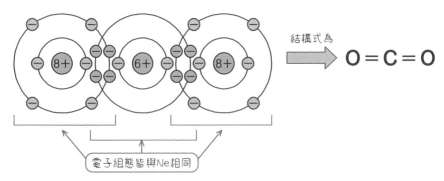

③ 三鍵→各出3個電子

例：氮氣（N₂）

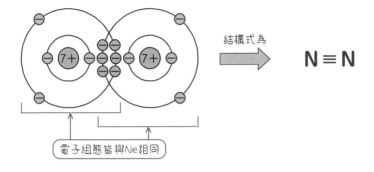

結構式為

$$N \equiv N$$

電子組態皆與Ne相同

另外，結構式中，1個原子伸出去的鍵標數，稱為「**原子價**」。舉例來說，氫是1價原子，氮是3價原子。

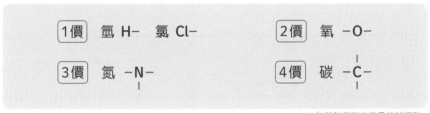

| 1價 | 氫 H–　氯 Cl– | 2價 | 氧 –O– |

| 3價 | 氮 –N– | 4價 | 碳 –C– |

※氫與氮僅列出常見的鍵標數。

（3）共用電子對與電子式

💡 **速成重點！**

共價鍵中，各原子會拿出**不成對電子**，形成**共用電子對**。

那麼，共價鍵又是如何形成的呢？讓我們來看看氯氣分子的情況。氯為非金屬，故氯氣為2個非金屬原子鍵結而成的分子。非金屬「比較貪心」，兩邊都想獲得1個電子。

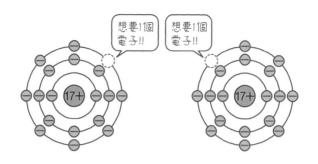

　　兩邊都想獲得電子，卻都不想交出電子。故只好「各出1個價電子，並共用這2個電子」。這麼一來，2個原子的最外層都有「8個」電子，與氬的電子組態相同，成為了相當穩定的狀態。這就是為什麼2個氯原子會以共價鍵形成氯氣分子（Cl_2）。

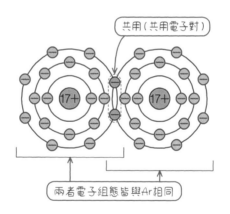

　　由2個原子各出1個電子所形成的「**電子對**」，就是共價鍵的真面目，也稱為「**共用電子對**」。1組共用電子對相當於1個共價鍵，可用1條鍵標來表示。其他價電子也會兩兩一組，形成電子對。這些沒有與其他原子共用的電子對稱為「**孤對電子**」。另外，形成共價鍵之前，沒有與其他電子配對的電子，稱為「**不成對電子**」。

以鍵標來表示共價鍵的化學式稱為「結構式」。有時也會用價電子來表示有共價鍵的分子，稱為「**電子式**」。以電子式表示時，會將共用電子對畫在鍵結的原子之間。

「1個共價鍵」相當於「1組共用電子對」，亦相當於「1條鍵標」。

■ **電子式與結構式**（例：氯氣（Cl_2））

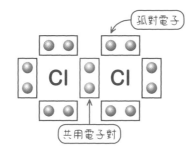

孤對電子

共用電子對

Cl_2的電子式

鍵標

Cl_2的結構式

第 1 章
第 2 章
第 3 章
第 4 章
第 5 章
第 6 章

氮（N）有3個不成對電子。
氧（O）有2個不成對電子。

2個「不成對電子」可形成共用電子對，進而形成共價鍵。有個簡單的方法可以看出原子有多少個不成對電子。以氨（NH₃）為例，氨由氮與氫構成，皆為非金屬元素，故原子間以共價鍵結合。先來看看氮原子的情況。（氮的電子組態中，K層有2個、L層有5個電子，故有5個價電子）

假設電車內有4組雙人座（共8個座位）。在乘客皆是一個接一個地陸續入座的情況下，首先是第1位乘客入座。

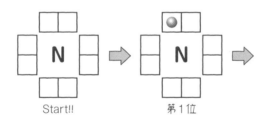

Start!!　　　　　第1位

※之所以有8個座位，是因為最外層「有8個電子時最為穩定」。

第2位乘客會盡可能坐在比較遠的地方。接著是第3位、第4位乘客入座。

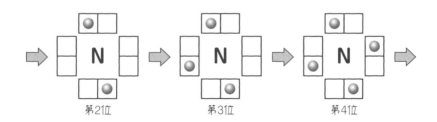

第2位　　　　　第3位　　　　　第4位

第1章

第2章

第3章

第4章

第5章

第6章

　　氮（N）有5個價電子，故還有第5位乘客要入座。因為每一組雙人座都坐了人，所以第5位乘客只能和別人坐在同一組雙人座上（沒關係我站著就好……的情況不會發生！）。這麼一來，就會得到1組電子對（稱為「孤對電子」）與3個不成對電子。氫有1個價電子……接著應該可以推導出來吧！

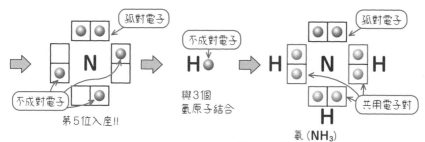

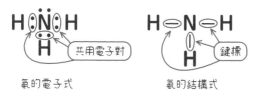

※1組共用電子對，可對應1條鍵標。

　　再以水（H_2O）為例。氧（O）有6個價電子，相當於有6位乘客入座，形成2組孤對電子，以及2個不成對電子。

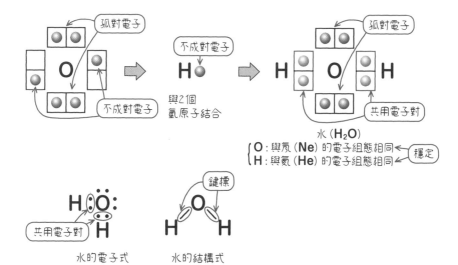

5 配位鍵

（1）配位鍵

💡 **速成重點！**

配位鍵為共價鍵的特殊情況。

由孤對電子形成的鍵結。

前面提到過化學鍵有3種（金屬鍵、離子鍵、共價鍵）。那麼，「**配位鍵**」又是什麼呢？

用氨與氫離子結合形成銨離子（NH_4^+）的反應（$NH_3 + H^+ \longrightarrow NH_4^+$）來思考看看。

重點在於，存在於氨的氮原子上的「孤對電子」。

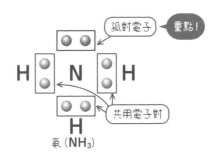

氨（NH_3）

前面提到的共價鍵是由2個原子各拿出1個不成對電子所形成的共用電子對，但氫離子並沒有電子（氫原子有1個電子，但氫離子的電子已被取走！）。因此氫離子沒辦法拿出電子與其他原子共用，這樣就沒辦法形成共價鍵了。

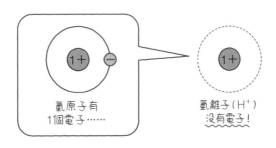

第 1 章

第 2 章

第 3 章

第 4 章

第 5 章

第 6 章

這時就得用到氮原子上的「孤對電子」。原本應該要由2個原子各拿出1個電子，形成共用電子對才對，不過氮原子原本就有2個電子，所以就算氫離子沒有電子，也可以和氮原子結合！這就是「配位鍵」。**配位鍵是共價鍵的特殊情況。**

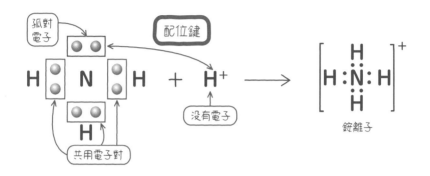

這裡有個地方要特別注意。「銨離子（NH_4^+）」有3個共價鍵與1個配位鍵，不過當這些原子連接在一起後，所有的N—H鍵會變得完全相同，無法分辨到底哪個才是配位鍵（分子或離子都有其固定形狀，銨離子為「正四面體形」（→第10講）。由此也可想像得到所有N—H鍵完全相同）。因此，銨離子的化學鍵可視為「4個共價鍵、0個配位鍵」。

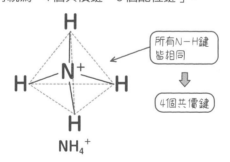

速成重點！

銨離子有**4個共價鍵**、**0個配位鍵**！

（2）錯離子

以配位鍵結合的離子稱為「**錯離子**」。通常由金屬離子與數個分子或離子（稱為「**配位基**」）以配位鍵結合而成。

延伸 **主要錯離子與它們的特徵**

鋅離子（Zn^{2+}）的配位基個數（**配位數**）為4，形狀為正四面體形。

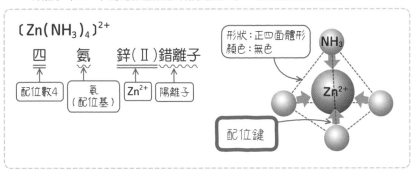

銅（Ⅱ）離子（Cu^{2+}）的配位數為4，形狀為正方形。

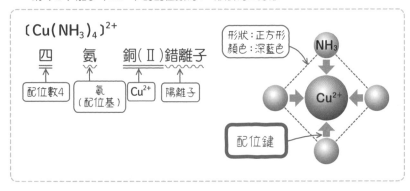

銀離子（Ag^+）的配位數為2，形狀為直線形。

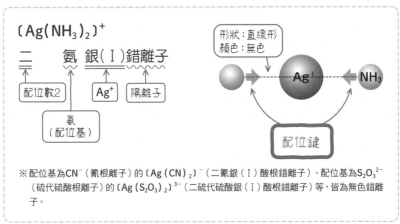

〔$Ag(NH_3)_2$〕$^+$

二　　　氨　銀（Ⅰ）錯離子

配位數2　｜　氨（配位基）　｜　Ag^+　｜　陽離子

形狀：直線形
顏色：無色

Ag^+　　NH_3

配位鍵

※配位基為CN^-（氰根離子）的〔$Ag(CN)_2$〕$^-$（二氰銀（Ⅰ）酸根錯離子）、配位基為$S_2O_3{}^{2-}$（硫代硫酸根離子）的〔$Ag(S_2O_3)_2$〕$^{3-}$（二硫代硫酸銀（Ⅰ）酸根錯離子）等，皆為無色錯離子。

鐵（Ⅱ）離子（Fe^{2+}）與鐵（Ⅲ）離子（Fe^{3+}）的配位數皆為6，形狀為正八面體形。

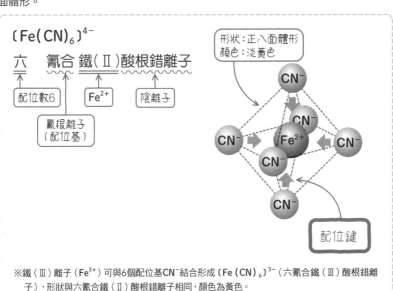

〔$Fe(CN)_6$〕$^{4-}$

六　氰合　鐵（Ⅱ）酸根錯離子

配位數6　｜　氰根離子（配位基）　｜　Fe^{2+}　｜　陰離子

形狀：正八面體形
顏色：淡黃色

CN^-
CN^-
CN^-　Fe^{2+}　CN^-
CN^-
CN^-

配位鍵

※鐵（Ⅲ）離子（Fe^{3+}）可與6個配位基CN^-結合形成〔$Fe(CN)_6$〕$^{3-}$（六氰合鐵（Ⅲ）酸根錯離子），形狀與六氰合鐵（Ⅱ）酸根錯離子相同，顏色為黃色。

第10講 凡得瓦力與氫鍵

凡得瓦力為「分子間的鍵結」，是非常弱的鍵結。「氫鍵」則是會影響熔點、沸點的鍵結，讓我們來仔細看看這兩種鍵結吧。

① 凡得瓦力

凡得瓦力是**分子間的鍵結**→「**很弱**」

分子量愈大，凡得瓦力愈強。

分子間存在所謂的「**凡得瓦力**（Van der waals force，又名范德華力）」。凡得瓦力是非常弱的力，不過**分子量愈大的分子，凡得瓦力就愈強**。

因此，分子量愈大的物質，就需要愈大的能量來切斷凡得瓦力，**熔點與沸點也愈高**。

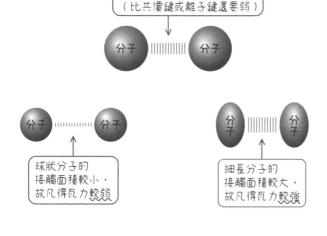

② 分子的極性

速成重點！

多原子分子的分子形狀是**摺線形或三角錐形則為極性分子**。
（直線形的二氧化碳分子為非極性分子!!）

　　「**極性**」就是「電荷分布偏向一邊」。若分子內各個原子的電負度（→第8講 **③**）不同，那麼電負度較大的原子會將共用電子對拉近自己，使分子內的電荷分布偏向一邊。擁有極性的分子稱為「**極性分子**」，沒有極性的分子則稱為「**非極性分子**」。

　　雙原子分子中，H—H與N≡N等鍵結皆沒有極性，屬於非極性分子；H—F與H—Cl等鍵結有極性，屬於極性分子。

　　這裡要注意的是多原子分子。多原子分子的極性與「分子形狀」有很大的關係。以二氧化碳分子為例，氧的電負度比碳還要大，所以氧會將共用電子對吸引過去，使氧的電荷偏負，碳的電荷偏正。那麼，為什麼二氧化碳分子是「非極性分子」呢？

　　二氧化碳分子是以「氧—碳—氧」順序形成的共價鍵，為「直線形」分子。因此2個鍵的電荷分布偏差會彼此抵消！

■ **二氧化碳（CO₂）的分子極性**

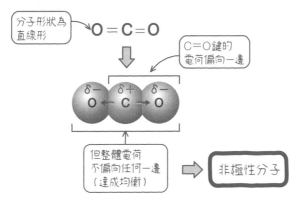

※我們會用δ（delta）來表示偏離的電荷。δ＋表示該區帶有些微正電荷，
　δ－代表該區帶有些微負電荷。

同樣的，四氯化碳（CCl_4）與甲烷（CH_4）都是整體的電荷分布沒有偏差的「非極性分子」。

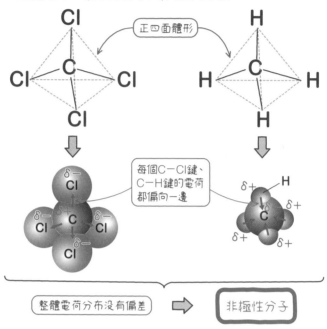

■ 四氯化碳（CCl_4）與甲烷（CH_4）的分子極性

相較之下，氯化氫（HCl）、水（H_2O）、氨（NH_3）的分子內，各個鍵結的電荷偏差並沒有完全抵消，所以分子整體的電荷分布仍有偏差，屬於「極性分子」。

■ 氯化氫（HCl）、水（H₂O）、氨（NH₃）的分子極性

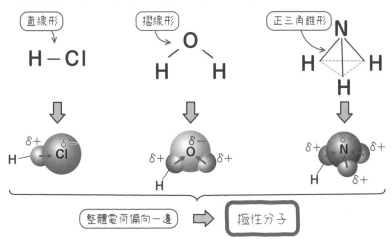

這裡將主要的分子形狀整理如下。雙原子分子全都是直線形，不過多原子分子則要特別記一下。

①直線形（例：H_2、CO_2、N_2）

②摺線形（例：H_2O）

③正三角錐（或三角錐）形（例：NH_3）

④正四面體形（例：CH_4）

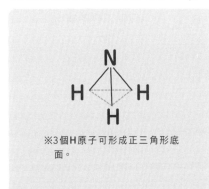

※3個H原子可形成正三角形底面。

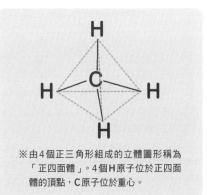

※由4個正三角形組成的立體圖形稱為「正四面體」。4個H原子位於正四面體的頂點，C原子位於重心。

3 氫鍵

（1）氫鍵

　　氫與氟、氧、氮等的電負度相差很大，故氫與這3種原子所形成的分子會有很大的極性。極性大的分子之間存在著比凡得瓦力還要大的吸引力。這種吸引力叫做「**氫鍵**」，存在於氟化氫（HF）、水（H_2O）、氨（NH_3）中。

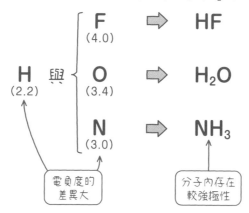

※括弧內是電負度。

　　凡得瓦力與氫鍵皆是作用於分子之間的力，故也稱為「**分子間力**」。

（2）水分子之間的氫鍵

第1章

第2章

第3章

第4章

第5章

第6章

1個水分子可形成**4個氫鍵**。

　　水分子的氧原子之孤對電子與其他水分子的氫原子之間會形成氫鍵。1個水分子可以形成4個氫鍵。

■ **水分子之間的氫鍵**

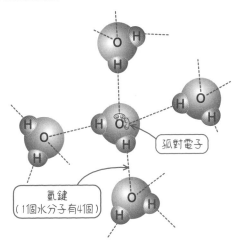

孤對電子

氫鍵
（1個水分子有4個）

（3）鹵化氫的沸點、熔點

速成重點！

有氫鍵的分子。

→**熔點與沸點異常地高。**

　　若分子間存在氫鍵，就需要很大的能量才能使其分開，所以這種物質的**熔點與沸點會特別高**。鹵化氫分子中，分子量最小的是氟化氫，沸點也最高。

■ 鹵化氫的沸點

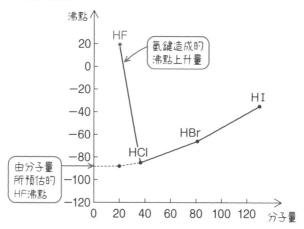

鍵結強度

化學鍵[※] ≫ 氫鍵 > 凡得瓦力

※化學鍵是金屬鍵、離子鍵、共價鍵的合稱（→p.65）。

第11講 結晶

結晶是構成粒子（原子、分子、離子）依照一定規律排列所形成的固體。結晶的重點在於「化學鍵」與「分子間力」。

1 結晶

結晶有4種！

（**金屬結晶、離子結晶、共價鍵結晶、分子結晶**）

「結晶」是原子、分子或離子依照一定規律排列所形成的固體。依照構成粒子間的結合方式，可將結晶分成**金屬結晶、離子結晶、共價鍵結晶、分子結晶**等4種。

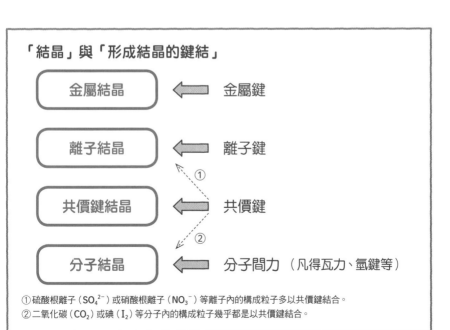

「結晶」與「形成結晶的鍵結」

金屬結晶	⟸	金屬鍵
離子結晶	⟸	離子鍵
共價鍵結晶	⟸	共價鍵
分子結晶	⟸	分子間力（凡得瓦力、氫鍵等）

① 硫酸根離子（SO_4^{2-}）或硝酸根離子（NO_3^-）等離子內的構成粒子多以共價鍵結合。
② 二氧化碳（CO_2）或碘（I_2）等分子內的構成粒子幾乎都是以共價鍵結合。

2 金屬結晶

　　鐵、銅、金、銀等，原子間以金屬鍵結合的結晶稱為「**金屬結晶**」。我們在說明金屬鍵時（→第9講 **2**）曾提到，因為金屬存在「**自由電子**」，故**容易導電與導熱**（可導電的物體稱為「**導體**」）。

　　另外，金屬擁有**金屬光澤**（研磨後可反射光線產生光澤）。

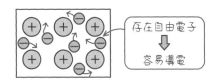

　　金屬亦富「**展性**」與「**延性**」，換句話說，就是「容易變形」。施加外力於物質上時，原子排列會歪斜。一般物質在原子排列產生歪斜時會裂開，不過金屬的原子間有自由電子，故不會裂開（只會變形）。「展性」是指金屬可以打成如金箔般薄片的性質；「延性」則是指金屬可以拉成細長金屬絲般的性質。

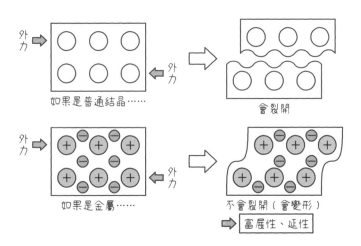

3 離子結晶

（1）離子結晶

像氯化鈉（NaCl）結晶這種由離子鍵結合而成的結晶，稱為「**離子結晶**」。氯化鈉結晶中，鈉離子（Na^+）與氯離子（Cl^-）以1：1的比例「**交互排列**」結合成排列規律的結晶。

■ **氯化鈉(NaCl)的結晶（離子結晶）**

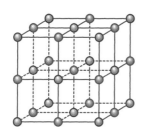

- ●：鈉離子（Na^+）
- ●：氯離子（Cl^-）

※實際上 Na^+（●）與 Cl^-（●）彼此相接。

離子結晶是由許多陽離子與陰離子依照一定規則排列而成的巨大結晶。因此，以化學式表示離子結晶時，會寫出離子個數的最簡單整數比，稱為「**實驗式**」。

「H_2O」為分子式

由2個H原子與1個O原子組成1個分子。

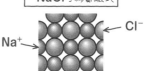

「NaCl」為實驗式

Cl^-
Na^+

由許多 Na^+ 與 Cl^- 組成的離子結晶，離子個數比為 $Na^+：Cl^-＝1：1$。

寫出離子結晶的實驗式時，只要讓陽離子數與陰離子數的「**電荷合計為0**」就可以了。

實驗式（例：硫酸鈉）

Na^+（鈉離子）×2 ⇨ $+2$ 〕電荷
SO_4^{2-}（硫酸根離子）×1 ⇨ -2 〕合計為0

↓

Na_2SO_4（硫酸鈉）

（2）離子結晶的性質

速成重點！

離子結晶熔化或者溶解在水中[※]時**可以導電**。

※ 但不是所有離子結晶溶解於水中時
　都可以導電。

　　離子結晶具有「堅硬、易脆」的性質。另外，結晶（固態）本身不導電，但**熔化**（加熱後轉變成液態的「熔化」過程）**或者溶解在水中後，便可以導電。**

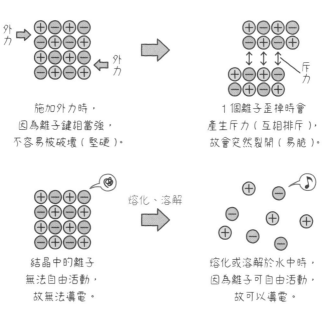

施加外力時，
因為離子鍵相當強，
不容易被破壞（堅硬）。

1 個離子歪掉時會
產生斥力（互相排斥），
故會突然裂開（易脆）。

熔化、溶解

結晶中的離子
無法自由活動，
故無法導電。

熔化或溶解於水中時，
因為離子可自由活動，
故可以導電。

　　物質分離成陽離子與陰離子的現象，稱為「**解離**」；會在水中解離的物質稱為「**電解質**」。

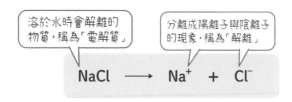

溶於水時會解離的
物質，稱為「電解質」

分離成陽離子與陰離子
的現象，稱為「解離」

NaCl ⟶ Na⁺ + Cl⁻

氯化鈉為電解質，故其水溶液可導電。不過蔗糖（砂糖的主成分）是由分子組成的物質，不會解離，也無法導電。蔗糖這種無法解離的物質稱為「**非電解質**」。

■ 電解質與非電解質

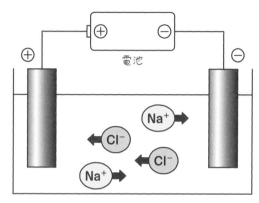

氯化鈉水溶液內的離子
可自由移動，故可導電。

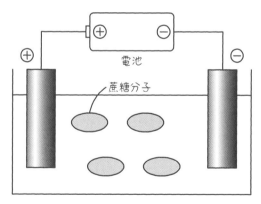

蔗糖水溶液內的蔗糖分子
不帶電，故不可導電。

④ 共價鍵結晶

共價鍵結晶→**熔點高，非常堅硬**。

　　像鑽石這種原子間皆以共價鍵結合所形成的結晶稱為「**共價鍵結晶**」。共價鍵是化學鍵中最強的鍵結，故共價鍵結晶**非常堅硬，熔點也非常高**。

　　共價鍵結晶的種類很少，高中化學會接觸到的共價鍵結晶只有C（**石墨、鑽石**）、SiO_2（**二氧化矽**）、Si（**矽**）、SiC（**碳化矽**）而已。其他僅含非金屬的結晶全都是「分子結晶」（不過含有銨離子的結晶是離子結晶！）。

■ **共價鍵的結晶（例：鑽石、二氧化矽）**

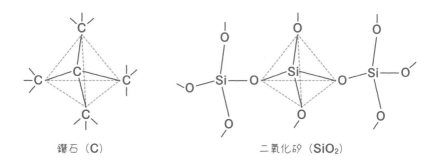

鑽石（**C**）　　　　　　　　二氧化矽（**SiO_2**）

共價鍵結晶的種類很少。
C（石墨、鑽石）、SiO_2（二氧化矽）、Si（矽）、
SiC（碳化矽），記住這4種結晶！

❺ 分子結晶

💡 速成重點！

分子結晶→**熔點低，相當軟**。

　　乾冰等以凡得瓦力結合而成的結晶稱為「**分子結晶**」。凡得瓦力非常弱，所以分子結晶**相當軟，熔點也非常低**（許多分子結晶會直接昇華）。

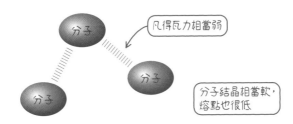

　　乾冰是固態二氧化碳。二氧化碳分子內的原子以共價鍵結合而成，分子再由凡得瓦力結合成結晶。我們可以由「結晶是否易被破壞」來判斷結晶內的粒子用哪種力形成結晶。稍微提高溫度後，乾冰就會昇華成氣體（＝結晶易被破壞），這表示構成結晶的力量相當弱，應是藉由凡得瓦力連結各個分子而成。如果是共價鍵結晶的話，因為共價鍵力量相當強，結晶無法輕易被破壞。由此可以判斷乾冰是「分子結晶」。

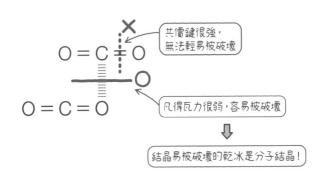

　　每種化學鍵的「結合力」都很強，其中又以「共價鍵」最強。各種化學鍵的強弱依序為「**共價鍵 > 離子鍵 > 金屬鍵**」。

　　結合力愈強，就需要愈大的能量才能切斷鍵結，熔點（與沸點）也愈高。以下讓我們來看看各種物質的熔點。

　　二氧化矽（SiO_2）為共價鍵結晶，熔點約為1650℃（鑽石（C）的熔點為3000℃以上，但如果加熱途中接觸到氧氣就會燃燒）。

　　離子結晶以氯化鈉（NaCl）為例，其熔點約為800℃。

　　金屬結晶以鐵（Fe）為例，其熔點約為1540℃。鎢（W）的熔點約為3410℃，可用來製成白熾燈的燈絲。鈉（Na）的熔點約為98℃。

　　一般來說，結合力的強度為「共價鍵 > 離子鍵 > 金屬鍵」，然而不同物質的結晶，熔點的分布也會有很大的差異。如前所述，有像鈉這種熔點小於100℃的金屬結晶，也有像鎢這種熔點接近共價鍵結晶或離子結晶的高熔點物質。

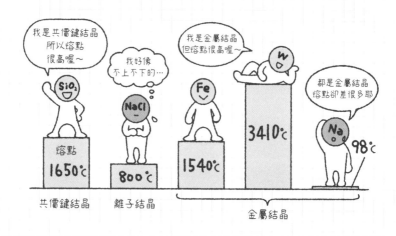

第 **4** 章

物質量與
化學反應式

第12講 原子量、分子量、式量

「原子量」是什麼呢？字面上看來似乎是「原子的重量」的意思，詳情將在本節中完整說明。

1 原子量

速成重點！

依存在比例計算同位素的**相對質量平均值**，
即為「原子量」。

1 個原子的質量極其微小，計算時難以處理，故訂定「**質量數為 12 之碳原子的質量是 12**」，並以此為基準，決定各原子的「**相對質量**」。

$$^{12}C = 12 \Leftarrow \boxed{基準!!}$$

因 ^1H 質量為 1.674×10^{-24} g，^{12}C 質量為 1.993×10^{-23} g。令 ^1H 的相對質量為 x，可由以下計算過程得出 x。

$$x : 12 = 1.674 \times 10^{-24} : 1.993 \times 10^{-23}$$
$$x \fallingdotseq 1.008$$

依元素之各同位素的存在比例，計算出相對質量平均值，就是該元素的「**原子量**」。

以氯為例，質量數 35 的氯原子（相對質量 35.0）與質量數 37 的氯原子（相對質量 37.0）在自然界中的存在比例約為「3：1」，故氯的「原子量」計算如下。

$$35.0 \times \frac{3}{4} + 37.0 \times \frac{1}{4} = 35.5$$

相對質量　　　　　　　　　　原子量

$$\frac{35+35+35+37}{4}$$ ➡ **氯的質量平均為35.5。**

我們只有在一開始時使用相對質量這個詞，之後都會用「**原子量**」來描述「**原子的質量**」。

主要元素的原子量（各元素原子量刊載於書前拉頁的週期表內）

H＝1.0，C＝12，N＝14，O＝16，
Na＝23，Al＝27，S＝32，Cl＝35.5

參考

原子量是各同位素質量依存在比例計算出來的「加權平均」。用數學「機率」的方式來說，就是質量的「期望值」。如果還是覺得不太好理解的話，試著想像一下你期中考考了3科，2科拿到100分（厲害!!），1科拿到70分。平均分數為「90分」，卻「沒有一科的分數是90分」，只有100分和70分的考卷而已。這樣應該就懂了吧？各科分數（100分與70分）相當於「相對質量」，平均分數（90分）則相當於「原子量」。

❷ 分子量與式量

「分子量」與「式量」皆為**原子量的總和**。

　　與原子量類似，「**分子量**」是分子的相對質量，亦以 $^{12}C=12$ 為基準。分子量是分子內所有原子之原子量的總和。

　　與分子量類似，實驗式或離子式中所有原子之原子量總和稱為「**式量**」。離子式中，因為電子的質量遠比原子小，故一般會無視電子的質量，直接以原子量作為離子的質量。

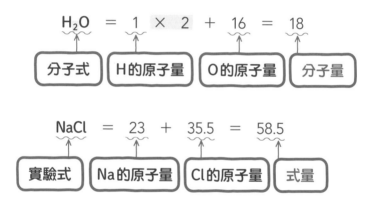

98

物質量與亞佛加厥數

達成重點！

亞佛加厥常數是用來表示**1mol所含的粒子個數**，
為6.02×10²³/mol。

「**物質量**」是原子、離子、分子等粒子的「個數」，單位為「**莫耳**（mole，又名摩爾）」（與「質量」、「重量」不同，絕對不要搞混）。

粒子的數量十分龐大，一般會用「莫耳」為單位描述粒子的個數，就像我們常說1打（＝12支）鉛筆一樣。定義12g的碳原子**¹²C**（質量數為12）所含有的¹²C原子個數為1莫耳（1 mol）。此外，1莫耳**約有6.02×10²³個**粒子，這個數字也被稱為「**亞佛加厥數**」，而每1 mol所含有的粒子個數6.02×10²³/mol則稱為「**亞佛加厥常數**」。

原子量或分子量可以想成是「1 mol該粒子的質量，單位為g」。下面以水為例。

$$H_2O \ = \ 18$$
（分子式）（分子量）

➡ 1 mol為18 g
➡ 2 mol為36 g
➡ 10 mol為180 g

物質量與質量

達成重點！

原子量、分子量、式量的數值加〔g/mol〕就是莫耳質量。

原子量、分子量、式量為相對數值，故沒有單位，不過加上〔g/mol〕這個單位後，就是所謂的「**莫耳質量〔g/mol〕**」。換言之，莫耳質量就是每1 mol物質的質量。莫耳質量在處理上與原子量、分子量、式量相同，卻擁有〔g/mol〕這個單位。

$$物質量〔mol〕=\frac{質量〔g〕}{莫耳質量〔g/mol〕}$$

看過 **1**～**4** 後，試著解解看以下例題吧。

例題

試回答以下問題。設各元素的原子量分別為H=1.0、C=12、O=16，亞佛加厥常數為$6.0×10^{23}$/mol。

(1) 3.6 g的水（H_2O）的物質量為多少mol。

(2) 3.3 g的二氧化碳（CO_2）含有多少氧原子（O）。

解答‧解說

(1) 水的分子量為

H_2O=1.0×2+16=18（也就是說，1 mol的水為18 g）

由此可知，莫耳質量為18〔g/mol〕。

所求的物質量為

$$\frac{3.6〔g〕}{18〔g/mol〕}=\mathbf{0.20〔mol〕} \quad …答$$

(2) 二氧化碳的分子量為

CO_2=12+16×2=44 （也就是說，1 mol的二氧化碳為44 g）

由此可知，莫耳質量為44〔g/mol〕。3.3 g的CO_2物質量為

$$\frac{3.3〔g〕}{44〔g/mol〕}=0.075〔mol〕$$

且1個CO_2分子有2個氧原子（O），故氧原子的物質量為

0.075×2=0.15〔mol〕

由以上可知，氧原子的個數為

$6.0×10^{23}$〔/mol〕×0.15〔mol〕=$\mathbf{9.0×10^{22}}$ …答

5 物質量與氣體體積

🔆 速成重點！

標準狀態下，1 mol氣體的體積為**22.4 L**。

當物質為氣態時，「同溫同壓下，無論氣體的種類為何，同體積所含的分子數目相同」的規則，稱為**亞佛加厥定律**。**標準狀態（溫度0℃，壓力1.013×10⁵Pa（帕斯卡））下，1 mol的氣體體積為22.4 L**。

1.013×10⁵ Pa等於1大氣壓（1 atm），是標準的氣壓值。天氣預報中常會提到「百帕」這個單位。1 hPa（百帕）＝100 Pa，故1大氣壓等於1013 hPa。颱風的中心氣壓約為950 hPa，所以颱風的中心確實「氣壓較低」。

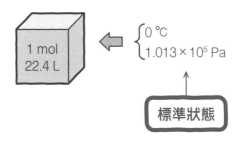

氣體的物質量可由以下公式求得。

$$氣體物質量〔mol〕＝\frac{標準狀態的氣體體積〔L〕}{22.4〔L/mol〕}$$

例題

2.4g的甲烷（CH_4）在標準狀態（溫度0℃，壓力1.013×10⁵ Pa）下的體積是多少L呢？設原子量H＝1.0、C＝12。

解答·解說 ....

　　首先求出甲烷的分子量。甲烷分子（CH_4）由1個碳原子（C）與4個氫原子（H）組成，因此分子量為

　　　　12＋1.0×4＝16

（也就是說，1 mol的甲烷為16 g！）

　　因為「1 mol為16 g」，所以物質量為

　　　　$\dfrac{2.4}{16}$＝0.15〔mol〕

⎛若將分子量視為「莫耳質量」，則分子量為16〔g/mol〕，可一邊確認單位一邊計算如⎞
⎜下。　　　　　　　　　　　　　　　　　　　　　　　　　　　　　　　　　　　 ⎜
⎜　　　　$\dfrac{2.4〔g〕}{16〔g/mol〕}$＝0.15〔mol〕　　　　　　　　　　　　　　　　　　 ⎟
⎝　　　　　　　　　　　　　　　　　　　　　　　　　　　　　　　　　　　　　 ⎠

　　最後要算的是「體積」。

　　因為「1 mol為22.4 L」，所以

　　　　22.4×0.15＝3.36〔L〕

⎛因為「每1 mol為22.4 L」，故可一邊確認單位一邊計算如下。⎞
⎜　　22.4〔L/mol〕×0.15〔mol〕＝3.36〔L〕　　　　　　　　 ⎟
⎝　　　　　　　　　　　　　　　　　　　　　　　　　　　　⎠

　　由以上可知，所求體積為

3.36L …答

《關於氣體密度》

固體密度常用〔g/cm³〕這個單位來表示。不過氣體很輕，用這個單位表示的話數值會過小，故一般常用〔g/L〕來表示氣體密度。

舉例來說，試求0℃、$1.013×10^5$ Pa下，2.0 g氫氣的密度。

因為原子量H＝1.0，故H_2的分子量為2.0，也就是說「1mol的氫氣為2.0 g」。

另一方面，0℃、$1.013×10^5$Pa下，1 mol氣體為22.4 L，故所求密度為

$$\frac{2.0〔g〕}{22.4〔L〕} ≒ 0.089 〔g/L〕$$

(0 ℃、$1.013×10^5$ Pa)

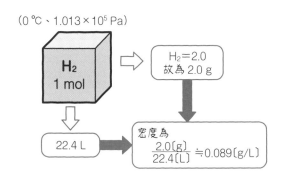

第13講 溶液濃度

溶有食鹽的食鹽水可依照食鹽與水的比例，分成濃食鹽水和淡食鹽水。食鹽水的「濃淡」可用「濃度」表示，本節將介紹2種濃度（「質量百分濃度」與「莫耳濃度」）。

1 溶液

溶液＝**溶質＋溶劑**

考慮食鹽溶於水中的情況。若食鹽溶在水中，可成為均勻透明的食鹽水。這個過程稱為「**溶解**」。其中，水（溶解用的液體）稱為「**溶劑**」，食鹽（溶於溶劑中的物質）稱為「**溶質**」，食鹽水稱為「**溶液**」。溶劑為水的溶液稱為「**水溶液**」。

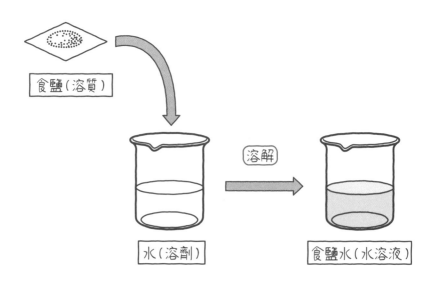

濃度

第1章

第2章

第3章

第4章

第5章

第6章

$$質量百分濃度〔\%〕= \frac{溶質質量〔g〕}{溶液質量〔g〕} \times 100$$

$$莫耳濃度〔mol/L〕^{※} = \frac{溶質物質量〔mol〕}{溶液體積〔L〕}$$

※譯註:台灣教科書通常用〔M〕,偶爾會用〔mol/L〕,兩者意義相同。

本節將介紹2種濃度。

(1)質量百分濃度

公式為「**溶質質量〔g〕÷溶液質量〔g〕×100**」,單位為「**%(百分比)**」,是一般常用的濃度。

有個地方要特別注意!!假設將25 g的食鹽溶在100 g的水中,那麼這個食鹽水的質量百分濃度是多少%呢?應該會有人認為是「25%」吧?其實是「20%」才對。

溶液中確實有100 g的水,但水是「溶劑」。溶液是「食鹽水」,故溶液質量應為100+25=125〔g〕才對!!因此,質量百分濃度為

$$\frac{25〔g〕}{125〔g〕} \times 100 = 20〔\%〕$$

$$質量百分濃度〔\%〕= \frac{溶質質量〔g〕}{溶液質量〔g〕} \times 100$$

$$= \frac{溶質質量〔g〕}{溶劑質量〔g〕+溶質質量〔g〕} \times 100$$

（2）莫耳濃度

公式為「**溶質物質量〔mol〕÷溶液體積〔L〕**」，單位為「**mol/L**」。化學領域中通常使用莫耳濃度。

假設將6.84 g的蔗糖（砂糖的主成分）溶於水中，配成體積500 mL的水溶液，那麼莫耳濃度會是多少mol/L呢（蔗糖分子量為342）？

因為蔗糖分子量為342，故「1 mol的蔗糖為342 g」。

莫耳質量為342 g/mol，故蔗糖物質量為

$$\frac{6.84〔g〕}{342〔g/mol〕}=0.0200〔mol〕$$

又500 mL等於0.500 L，故所求莫耳濃度為

$$\frac{0.0200〔mol〕}{0.500〔L〕}=0.0400〔mol/L〕$$

$$莫耳濃度〔mol/L〕=\frac{溶質物質量〔mol〕}{溶液體積〔L〕}$$

接著請你做做看以下例題，確認自己是否了解質量百分濃度與莫耳濃度的意義。

例題

試回答以下問題。

（1）　將60 g蔗糖溶解於90 g水中，請問此蔗糖水溶液的質量百分濃度〔%〕是多少？

（2）　將11.7 g的氯化鈉溶解於水中，配成500 mL的水溶液。試求此氯化鈉水溶液的莫耳濃度〔mol/L〕。原子量為Na＝23.0、Cl＝35.5。

（3）　設質量百分濃度為45.0%的蔗糖水溶液的密度為1.20 g/cm³。試求此水溶液的莫耳濃度〔mol/L〕。設蔗糖的分子量為342。

解答·解說 ....

(1) 水溶液整體的質量為

$$90+60=150〔g〕$$

故質量百分濃度為

$$\frac{60〔g〕}{150〔g〕}×100=\textbf{40〔\%〕} \quad\cdots答$$

(2) 氯化鈉的式量為

$$NaCl=23.0+35.5=58.5$$

故莫耳質量為58.5〔g/mol〕。

物質量為

$$\frac{11.7〔g〕}{58.5〔g/mol〕}=0.200〔mol〕$$

又溶液體積為500〔mL〕，即0.500〔L〕，故莫耳濃度為

$$\frac{0.200〔mol〕}{0.500〔L〕}=\textbf{0.400〔mol/L〕} \quad\cdots答$$

(3) **設水溶液體積為「1 L」。**

密度為1.20 g/cm³，故水溶液質量為

$$1.20 \, (g/cm^3) \times 1000 \, (cm^3) = 1200 \, (g)$$

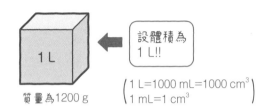

質量為1200 g

設體積為
1 L!!

$$\left(\begin{array}{l} 1 \, L = 1000 \, mL = 1000 \, cm^3 \\ 1 \, mL = 1 \, cm^3 \end{array} \right)$$

蔗糖質量為

$$1200 \, (g) \times \frac{45.0}{100} = 540 \, (g)$$

故物質量為

$$\frac{540}{342} \left(= \frac{30}{19} \right) \fallingdotseq 1.58 \, (mol)$$

這些蔗糖溶解在「1 L」溶液內，故莫耳濃度為 **1.58〔mol/L〕** ⋯答

第1章

第2章

第3章

第4章

第5章

第6章

速成重點！

配製溶液時，**最後再調整至適當體積。**

那麼，實際上應該要如何配製p.106提到的蔗糖水溶液呢？會不會有人認為是「將6.84 g的蔗糖溶解在500 mL的水中」呢？

但如果真的這麼做的話，水溶液的體積會略多於500 mL，所以這種做法並不洽當。

正確的作法是將6.84 g的蔗糖，溶解在略少於500 mL的水中，再「加水至溶液體積為500 mL」。請讀熟溶液配製方式，在實驗時也會用到!!

■ **配製溶液（配製溶有6.84 g之蔗糖的500 mL水溶液）**

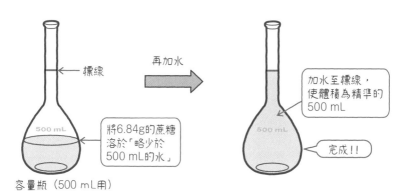

3 物質量與莫耳濃度的關係

計算水溶液內的物質量時，需要用到莫耳濃度與溶液體積。

$$\underset{\text{莫耳濃度}}{\left[\frac{\text{mol}}{\text{L}}\right]} \times \underset{\text{體積}}{(\text{L})} = \underset{\text{物質量}}{(\text{mol})}$$

莫耳濃度〔mol/L〕與體積〔L〕的乘積為「物質量〔mol〕」。

舉例來說，欲求100 mL之0.100 mol/L氫氧化鈉水溶液中所含的氫氧化鈉物質量時，因為100 mL為0.100 L，故物質量為

0.100〔mol/L〕×0.100〔L〕=0.0100〔mol〕

物質量〔mol〕=莫耳濃度〔mol/L〕×體積〔L〕

例題

試回答以下問題。

（1） 試求100 mL之0.100 mol/L氯化鈉（NaCl）水溶液中所含的氯化鈉物質量。

（2） 試求200 mL之0.200 mol/L氫氧化鈉（NaOH）水溶液中所含的氫氧化鈉質量〔g〕。設原子量H=1.0、O=16.0、Na=23.0。

（3） 欲分離出$3.00×10^{-2}$mol的氯化鈉時，至少需要多少mL的0.200 mol/L氯化鈉水溶液？

解答・解說

(1)　因100 mL為0.100 L，故所求物質量為

　　　$0.100 \,(\text{mol/L}) \times 0.100 \,(\text{L}) = \mathbf{1.00 \times 10^{-2} \,(mol)}$ …

(2)　氫氧化鈉的式量為

　　　$\mathbf{NaOH} = 23.0 + 16.0 + 1.0 = 40.0$

　　故莫耳質量為40.0〔g/mol〕。

　　另一方面，200mL為0.200 L，故物質量為

　　　$0.200 \,(\text{mol/L}) \times 0.200 \,(\text{L}) = 4.00 \times 10^{-2} \,(\text{mol})$

　　由以上可知，所求質量為

　　　$40.0 \,(\text{g/mol}) \times 4.00 \times 10^{-2} \,(\text{mol}) = \mathbf{1.60 \,(g)}$ …

(3)　設欲求體積為V〔L〕，則

　　　$0.200 \,(\text{mol/L}) \times V \,(\text{L}) = 3.00 \times 10^{-2} \,(\text{mol})$

　解此方程式可得

　　　$V = \dfrac{3.00 \times 10^{-2} \,(\text{mol})}{0.200 \,(\text{mol/L})} = 0.150 \,(\text{L})$

　　將單位化為mL可得

　　　$0.150 \times 1000 = \mathbf{150 \,(mL)}$ …

第14講 化學反應式與定量關係

用「化學反應式」來表示化學變化，便可（由「係數」）看出反應前後的物質量變化。本節讓我們徹底將化學反應式的「使用方法」融會貫通吧。

1 化學反應式

速成重點！

化學反應式左右兩邊的**原子種類、數目皆相等**。

當物質的外觀變成另一種狀態，卻沒有變成另一種物質時，稱為「**狀態變化**」或「**物理變化**」。譬如冰融化成水，再蒸發成水蒸氣，或者是乾冰昇華成氣態二氧化碳等，皆屬於這種變化。

■**狀態變化（物理變化）**

另一方面，當物質轉變成另一種物質時，就稱為「**化學變化**」。

■**化學變化**

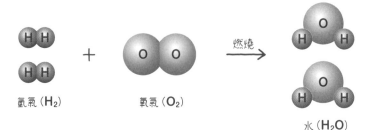

「**化學反應式**」可用化學式來表示化學變化，也叫做「**反應式**」。左邊的物質是「**反應物**」，右邊的物質是「**生成物**」。要注意的是，左邊與右邊的原子種類及數目需相同，化學反應式才可能成立。

如何寫出化學反應式
（例：氫氣與氧氣生成水的反應式）

① 　在左邊寫出「反應物」，右邊寫出「生成物」，中間以箭號連接。先暫定H_2的係數為1。

$$1H_2 + O_2 \longrightarrow H_2O$$

反應物　　　生成物

② 　為使兩邊H原子數相等，H_2O的係數亦需為1。

$$1H_2 + O_2 \longrightarrow 1H_2O$$

③ 　為使兩邊O原子數相等，O_2的係數需為$\frac{1}{2}$。

$$1H_2 + \frac{1}{2}O_2 \longrightarrow 1H_2O$$

④ 　將所有係數乘以2，使所有係數都變成整數[※]。係數為1時省略不寫。

$$2H_2 + O_2 \longrightarrow 2H_2O \quad \Rightarrow \quad 完成!!$$

係數為1時省略

※係數需為「最簡整數比」。

2 化學變化與定量關係

速成重點！

化學反應式中，**係數比＝物質量變化的比**

化學反應式的係數比，等於物質量的比。

要注意的是，係數比所決定的是，在化學反應中物質量的「變化量」。

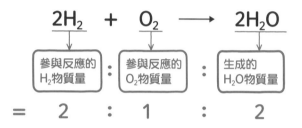

舉例來說，試考慮 2 mol 的氫氣（H_2）與 3 mol 的氧氣（O_2）反應時，物質量（莫耳數）的變化。

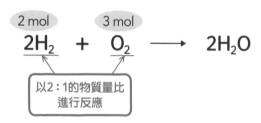

由化學反應式的係數，可以知道氫氣與氧氣會以 2：1 的物質量比（莫耳比）進行反應。

首先要判斷的是「**哪個反應物會先消耗完**」。在「化學基礎」範圍內的計算問題中，只會出現「**其中一種反應物徹底消耗完畢的反應**」，故該反應會一直進行到某個反應物的物質量降到 0 mol 為止。

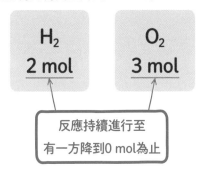

反應持續進行至
有一方降到0 mol為止

🔆 速成重點！

考慮化學反應式的物質量變化時，
需判斷哪種反應物的物質量會先歸零（降至0 mol）！

那麼就開始來解題吧。

《想法：其1》假設氫氣先消耗完畢

假設 2 mol 氫氣全數參與反應，由係數比可知有 1 mol 氧氣參與反應。

氧氣有 3 mol，其中 1 mol 參與反應之後，還剩下

$$3-1=2 \text{（mol）}$$

不會產生矛盾。

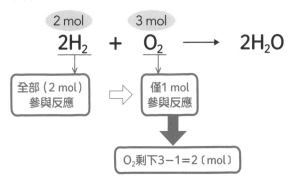

《想法：其2》假設氧氣先消耗完畢

　　假設 3 mol 氧氣全數參與反應，由係數比可以知道應有 6 mol 氫氣參與反應。

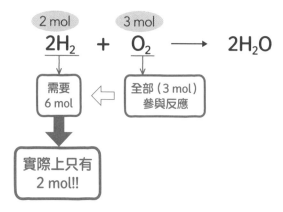

但是氫氣只有 2 mol 而已，完全不夠！故產生矛盾。

因此，氧氣不會在反應中消耗完畢。

由此可知，**《想法：其1》**才是正確的。

接著只要依照係數進行計算就可以了。

首先，所有氫氣（2 mol）皆參與反應，反應結束後剩下 0 mol。

$$2H_2 \quad + \quad O_2 \quad \longrightarrow \quad 2H_2O$$

	$2H_2$	O_2	$2H_2O$	
（反應前）	2	3	0	〔mol〕
+）（改變量）	−2			
（反應後）	0			

有 1 mol 的氧氣參與反應，故反應後會剩下

$$3 - 1 = 2 \text{（mol）}$$

	$2H_2$	$+$	O_2	$\longrightarrow$	$2H_2O$	
（反應前）	2		3		0	〔mol〕
$+$）（改變量）	-2		-1			
（反應後）	0		2			

因為有 2 mol 氫氣參與反應，故會生成 2 mol 的水（H_2O）。

	$2H_2$	$+$	O_2	$\longrightarrow$	$2H_2O$	
（反應前）	2		3		0	〔mol〕
$+$）（改變量）	-2		-1		$+2$	
（反應後）	0		2		2	

左邊物質因參與反應而減少；反應後會生成右邊物質，故增加。

> 💡 速成重點！
>
> 反應前後的比較，位於化學反應式的
> **左邊**的物質會**減少**，**右邊**的物質會**增加**。

第 1 章
第 2 章
第 3 章
第 4 章
第 5 章
第 6 章

以上物質量變化可整理成下表。實際解題時，讀完題目後就要「一口氣寫出」這個表，以掌握物質量的變化。

$$2H_2 \ + \ O_2 \ \longrightarrow \ 2H_2O$$

	2H₂	O₂		2H₂O
（反應前）	2	3		0
（改變量）	−2	−1		+2
（反應後）	0	2		2（單位：mol）

化學反應式的係數比表示「改變量」
（左邊會減少，右邊會增加）

習慣之後，就可以「用心算算出變化量」，直接寫出反應前後的莫耳數了。練習到這個程度，題目皆能迎刃而解。

	2H₂	O₂		2H₂O
（反應前）	2	3		0
（反應後）	0	2		2
				（單位：mol）

例題

將甲烷（CH_4）與氧氣（O_2）混合點火後，會發生以下反應，生成二氧化碳（CO_2）與水（H_2O）。

$$CH_4 + 2O_2 \longrightarrow CO_2 + 2H_2O$$

將1.0 mol的甲烷與5.0 mol的氧氣混合點火，假設甲烷會完全反應。

（1）　會生成多少物質量〔mol〕的水。

（2）　有多少物質量〔mol〕的氧氣未參與反應而殘留。

解答・解説

$$CH_4 + 2O_2 \longrightarrow CO_2 + 2H_2O$$

	CH_4	$2O_2$	CO_2	$2H_2O$
（反應前）	1.0	5.0	0	0
＋）（改變量）	－1.0	－2.0	＋1.0	＋2.0
（反應後）	0	3.0 (2)	1.0	2.0 (1)

（單位：mol）

考慮反應前後的物質量變化。

因為1.0 mol的甲烷（CH_4）完全反應，故以甲烷做為基準。

由係數比可以知道，反應後氧氣（O_2）會減少2.0 mol，生成1.0 mol的二氧化碳（CO_2）與2.0 mol的水（H_2O）。

由以上可知

（1）　生成的水的物質量為

2.0 mol …答

（2）　未參與反應之殘留氧氣的物質量為

5.0–2.0=**3.0〔mol〕** …答

日常生活中常用的濃度單位

《高中基礎化學》教到的濃度有「質量百分濃度〔%〕」與「莫耳濃度〔mol/L〕」。而在《高中化學》中，還會出現「質量莫耳濃度〔mol/kg〕」。

那麼，你在日常生活中有沒有聽過「ppm」呢？無機化學中會提到的二氧化硫（SO_2），是一種有毒氣體，相關環境品質標準為「小時平均值的日平均值需小於0.04 ppm，且小時平均值需小於0.1 ppm」。

那麼，這裡的「ppm」又是什麼意思呢？

實際上，ppm是parts per million的縮寫，是表示「100萬分之1」的濃度單位（%的10000分之1）。有毒物質的容許濃度極低，因此會使用ppm做為單位。

另外還有ppb（parts per billion）這個單位，用以表示更微量的濃度，代表「10億分之1」（是ppm的1000分之1）。

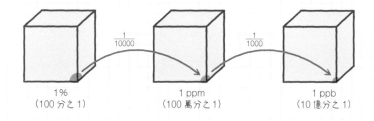

| 1%
（100分之1） | 1 ppm
（100萬分之1） | 1 ppb
（10億分之1） |

第**5**章

酸與鹼

第15講 酸與鹼

酸和鹼可以改變指示劑的顏色，將金屬加入酸性水溶液時會產生氣體，並溶解於液體中。故酸鹼反應可以說是化學領域中「最像化學」的部分。讓我們從酸的定義開始了解吧。

1 酸性、鹼性

> 「酸性」是**酸的水溶液性質**。
> 「鹼性」是**鹼的水溶液性質**。

　　酸與鹼可以說是化學中「最像化學」的領域。那麼「**酸性**」究竟是什麼呢？酸性有很多種解釋方式，譬如嚐起來酸酸的、會與鋅等金屬反應產生氫氣等等。精確來說，「酸的水溶液性質」就是酸性。

　　「**酸**」包括鹽酸（HCl）、硫酸（H_2SO_4）、醋酸（CH_3COOH）等，這些物質會**在水中解離，釋放出「氫離子（H^+）」**，展現出「**酸性**」。

酸性

① 有酸味

② 可讓藍色石蕊試紙變成紅色

③ 可與（鋅等）金屬反應，產生氫氣

〈酸的例子〉

鹽酸：$HCl \longrightarrow H^+ + Cl^-$

硫酸：$H_2SO_4 \longrightarrow 2H^+ + SO_4^{2-}$

醋酸：$CH_3COOH \rightleftharpoons CH_3COO^- + H^+$

※ 實際上，水溶液中的氫離子會與水分子以配位鍵相連，以「鋞離子（H_3O^+）」的形式存在。不過通常仍寫成「H^+」。

$$H^+ + H_2O \longrightarrow H_3O^+$$

※ 反應方向通常往右（$\longrightarrow$），但有時也會出現逆向反應（$\longleftarrow$）。醋酸的解離為「$\rightleftharpoons$」，這表示存在逆向反應，可以想成是「只有一部分物質參與反應」（稱為「化學平衡」）。

那麼，「**鹼性**」又是什麼呢？鹼性就是「**鹼的水溶液性質**」。「**鹼**」包括氫氧化鈉（NaOH）、氫氧化鈣（$Na(OH)_2$）、氨（NH_3）等，這些物質會**在水中解離，釋放出「氫氧根離子（OH^-）」**，展現出「**鹼性**」。

鹼性

① 可與酸反應，抵消酸性

② 可讓紅色石蕊試紙變成藍色

③ 觸感滑滑的

〈**鹼的例子**〉

氫氧化鈉　：$NaOH \longrightarrow Na^+ + OH^-$

氫氧化鈣　：$Ca(OH)_2 \longrightarrow Ca^{2+} + 2OH^-$

氨　　　　：$NH_3 + H_2O \rightleftharpoons NH_4^+ + OH^-$

第1章

第2章

第3章

第4章

第5章

第6章

② 酸鹼的定義

💡 速成重點！

酸可**釋放氫離子**。
鹼可**接收氫離子**。

　　阿瑞尼斯定義「能在水溶液中**釋放出氫離子（H^+）的物質**」叫做「**酸**」，「能在水溶液中**釋放出氫氧根離子（OH^-）的物質**」叫做「**鹼**」。

■ 阿瑞尼斯酸鹼的定義

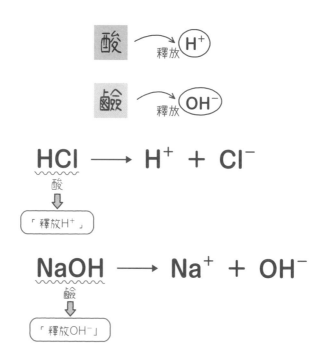

後來，布忍斯特與洛瑞定義「**可提供氫離子（H⁺）給其他對象的物質**」為「**酸**」、「**可接收來自其他對象之氫離子（H⁺）的物質**」稱為「**鹼**」。

■ 布忍斯特—洛瑞酸鹼定義

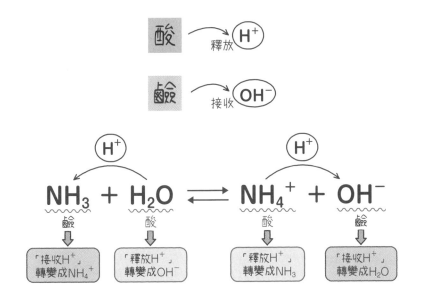

※以水以外的物質做為溶劑時，布忍斯特—洛瑞的酸鹼定義亦適用。

※水為「中性物質」，卻可做為「酸」或「鹼」進行反應。

3 酸與鹼的分類

速成重點！

在水溶液釋放出之H^+或OH^-數量，是酸鹼的「**價數**」。

在水溶液中**解離的比例高低**，是酸鹼的「**強弱**」。

酸與鹼可**依照**「**價數**」與「**強弱**」來分類。

（1）酸鹼的價數

酸的化學式中，可解離產生氫離子（H^+）的氫原子個數，是**這個酸的「價數**」。鹼的化學式中，可解離產生氫氧根離子（OH^-）的氫氧根個數，是**這個鹼的「價數**」。

（2）酸鹼的強弱

在水溶液中可幾乎完全解離的酸與鹼為「**強酸**」或「**強鹼**」。在水溶液中幾乎不會解離的酸與鹼則是「**弱酸**」或「**弱鹼**」。

$$HCl \longrightarrow H^+ + Cl^- \qquad （1價強酸）$$
$$H_2SO_4 \longrightarrow 2H^+ + SO_4^{2-} \qquad （2價強酸）$$
$$CH_3COOH \rightleftharpoons CH_3COO^- + H^+ \qquad （1價弱酸）$$

$$NaOH \longrightarrow Na^+ + OH^- \qquad （1價強鹼）$$
$$Ca(OH)_2 \longrightarrow Ca^{2+} + 2OH^- \qquad （2價強鹼）$$
$$NH_3 + H_2O \rightleftharpoons NH_4^+ + OH^- \qquad （1價弱鹼）$$

※ 譯註：談到酸鹼時，台灣和香港比較不常用「一價酸」、「二價酸」，而是說「一元酸」、「二元酸」。

水中溶質的解離比例稱為「**解離度**」，一般以α表示。強酸與強鹼的溶質幾乎會完全解離，故解離度幾乎等於1，醋酸或氨的解離度則約為0.01（＝1%）。

$$解離度\ \alpha = \frac{解離的電解質物質量〔mol〕}{溶於水中的電解質物質量〔mol〕}$$

※強酸與強鹼的解離度相當大，因而使水溶液更容易導電。

接著用例題來確認這些概念吧。

例題

0.10 mol/L的醋酸水溶液中，氫離子濃度約為$1.3×10^{-3}$ mol/L。試求醋酸的解離度。

解答・解説

設醋酸的初始濃度為c〔mol/L〕、解離度為α

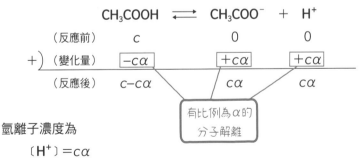

$$CH_3COOH \rightleftharpoons CH_3COO^- + H^+$$

	CH₃COOH	CH₃COO⁻	H⁺
（反應前）	c	0	0
＋）（變化量）	$-c\alpha$	$+c\alpha$	$+c\alpha$
（反應後）	$c-c\alpha$	$c\alpha$	$c\alpha$

有比例為α的分子解離

氫離子濃度為

$$[H^+] = c\alpha$$

將題目中的數值帶入可得

$$1.3×10^{-3} = 0.10 × \alpha$$

$$\alpha = \mathbf{0.013} \quad \cdots 答$$

$\left(\begin{array}{l}\text{也可寫成「}1.3\times10^{-2}\text{」。}\\\text{即}1.3\%\text{的分子解離。}\end{array}\right)$

 解離階段與酸的強弱

　　多價（價數2以上）酸或鹼在逐步解離時，愈後面階段的解離度愈小，酸或鹼的強度也愈弱。價數大小與酸鹼強弱無關。

碳酸為「2價弱酸」。

$$(H_2CO_3) \rightleftharpoons H^+ + HCO_3^-$$
$$HCO_3^- \rightleftharpoons H^+ + CO_3^{2-}$$

↑強 ↓弱

磷酸為「3價弱酸※」。

$$H_3PO_4 \rightleftharpoons H^+ + H_2PO_4^-$$
$$H_2PO_4^- \rightleftharpoons H^+ + HPO_4^{2-}$$
$$HPO_4^{2-} \rightleftharpoons H^+ + PO_4^{3-}$$

↑強 ↓弱

※磷酸在分類上是弱酸，實際上則會表現出中間程度的酸性。

4 氫離子濃度

任何水溶液中，**必定都存在氫離子與氫氧根離子。**

水會些微解離。

$$H_2O \rightleftharpoons H^+ + OH^-$$

每 1 L 的 25℃ 的純水中，存在 10^{-7} mol 的 **H⁺** 與 **OH⁻**。也就是說，25℃ 下，氫離子的莫耳濃度（**氫離子濃度〔H⁺〕**）與氫氧根離子的莫耳濃度 〔**OH⁻**〕如下所示。

$$[H^+] = [OH^-] = 1.0 \times 10^{-7} [mol/L]$$

一定溫度下，〔**H⁺**〕與〔**OH⁻**〕的乘積會維持一定數值。25℃ 時的乘積 如下。

$$[H^+] \times [OH^-] = 1.0 \times 10^{-14} [mol^2/L^2]$$

酸性水溶液中，氫離子濃度較高，但水溶液中仍存在氫氧根離子。鹼性 溶液中，氫氧根離子濃度較高，但水溶液中也必定存在氫離子。要是其中一 種離子不存在的話，兩者乘積不就會變成「0」了嗎？既然乘積固定等於 「1.0×10^{-14}」，那麼這兩種離子的濃度就不會是 0。任何水溶液中，必定都 存在氫離子與氫氧根離子，與液體的酸鹼性無關。

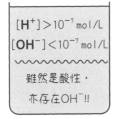

$[H^+] > 10^{-7}$ mol/L $[OH^-] < 10^{-7}$ mol/L	$[H^+] = 10^{-7}$ mol/L $[OH^-] = 10^{-7}$ mol/L	$[OH^-] > 10^{-7}$ mol/L $[H^+] < 10^{-7}$ mol/L
雖然是酸性， 亦存在 OH⁻!!	H⁺ 與 OH⁻ 的 濃度相同	雖然是鹼性， 亦存在 H⁺!!
酸性	中性	鹼性

⑤ 氫離子指數（pH）

　　水溶液中的氫離子濃度可以寫成$[H^+]=10^{-n}[mol/L]$，這裡的n值被稱為「pH」或者「氫離子指數」。

$$[H^+]=10^{-n}[mol/L] \quad \Rightarrow \quad pH=n$$

　　中性水溶液中，因為氫離子濃度與氫氧根離子濃度相等，故$[H^+]=1.0\times10^{-7}[mol/L]$，也就是說「**pH＝7**」。

　　酸性水溶液中，氫離子濃度較大，故「**pH＜7**」；**鹼性**水溶液中，氫氧根離子濃度較大，氫離子濃度較小，故「**pH＞7**」。

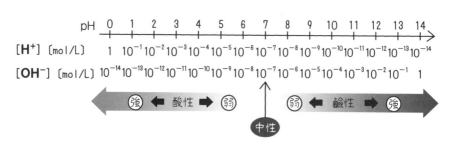

※酸的濃度降為原本的$\frac{1}{10}$時，pH會加1；鹼的濃度降為原本的$\frac{1}{10}$時，pH會減1。
　愈稀薄的酸或鹼，酸性或鹼性就愈弱，「愈接近中性(pH=7)」。

第16講 酸鹼中和與鹽

酸與鹼的反應稱為「中和」，此時會生成「鹽」這種物質。本節將帶你了解鹽的分類與性質。

1 中和反應與鹽

（1）中和反應

酸鹼中和時，要注意**價數**！

酸（H^+）與鹼（OH^-）反應時，彼此性質會互相抵消，這個過程稱為「中和」。

$$H^+ + OH^- \longrightarrow H_2O$$

中和反應中，酸與鹼剛好中和時，「酸釋放出的 H^+ 物質量」會與「鹼釋放出的 OH^- 物質量」相等。因此，必須特別注意酸與鹼的「價數」。

舉例來說，鹽酸（HCl）與氫氧化鈉（NaOH）皆為「1價」，可用 1：1 的比例中和；如果是硫酸（H_2SO_4）和氫氧化鈉的話，因為硫酸為「2價」，氫氧化鈉是「1價」，所以要用 1：2 的比例中和。

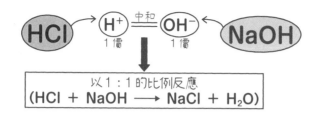

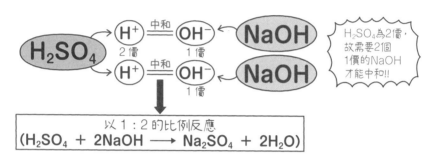

（2）鹽

中和時，生成的物質除了水之外，還會生成「鹽」。鹽是由「酸的陰離子」與「鹼的陽離子」結合而成的物質。

① 鹽的酸鹼性

即使酸與鹼的量剛好相同，中和之後水溶液也不一定是中性。強酸與強鹼中和時，水溶液為「中性」。就像兩個強者戰成「平手！」的感覺。

■ 強酸與強鹼的中和反應

不過，弱酸與強鹼中和時就不會「平手」了。鹼比較強，所以中和後的溶液會表現出「鹼性」。

第 1 章

第 2 章

第 3 章

第 4 章

第 5 章

第 6 章

■ **弱酸與強鹼的中和反應**

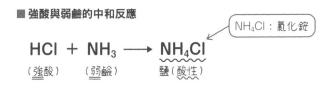

$$CH_3COOH + NaOH \longrightarrow CH_3COONa + H_2O$$

（弱酸）　　　（強鹼）　　　　鹽（鹼性）

CH_3COONa：醋酸鈉

　　而當強酸與弱鹼中和時，酸比較強，故中和後的溶液會表現出「酸性」。

■ **強酸與弱鹼的中和反應**

$$HCl + NH_3 \longrightarrow NH_4Cl$$

（強酸）　（弱鹼）　　鹽（酸性）

NH_4Cl：氯化銨

② 鹽的種類

　　當酸與鹼的量相同，中和後生成的鹽將不含能中和掉鹼的H^+，也不含能中和掉酸的OH^-時，這種鹽稱為「**正鹽**」。

※正鹽的例子：**NaCl**、**CH₃COONa**、**NH₄Cl**（正鹽不一定是中性‼）

　　當酸或鹼其中一邊過多時，中和後的鹽分別稱為「**酸式鹽**」或「**鹼式鹽**」。酸式鹽內含有酸的氫離子（H^+）、鹼式鹽內含有鹼的氫氧根離子（OH^-）。

※酸式鹽的例子：**NaHSO₄**（硫酸氫鈉）、**NaHCO₃**（碳酸氫鈉）
※鹼式鹽的例子：**MgCl(OH)**（鹼式氯化鎂）

碳酸氫鈉（$NaHCO_3$）是**酸式鹽**，卻是**鹼性**！

一般而言，酸式鹽呈酸性，鹼式鹽呈鹼性。然而，碳酸氫鈉為「酸式鹽」，卻呈「鹼性」！考試常出這題，請務必記牢。

碳酸氫鈉解離後會產生碳酸氫根離子（HCO_3^-），呈弱鹼性。

$$NaHCO_3 \longrightarrow Na^+ + HCO_3^-$$

碳酸氫鈉常用於胃藥（可中和胃所分泌的鹽酸），由此可聯想到它有「弱鹼性」。

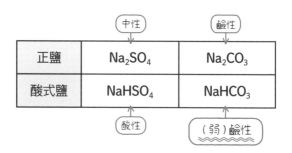

③ 弱酸、弱鹼的重新生成

第1章 第2章 第3章 第4章 第5章 第6章

> 💡 **速成重點！**
>
> **強酸或強鹼會優先生成鹽！**

　　生成鹽的時候，具有「**強酸（或者是強鹼）會優先生成鹽**」的特性。

　　舉例來說，醋酸鈉是由醋酸（弱酸）與氫氧化鈉（強鹼）形成的鹽。將醋酸鈉與鹽酸（強酸）混合後，「鹽酸」會與氫氧化鈉生成鹽，並重新生成醋酸。

■ **弱酸的重新生成**

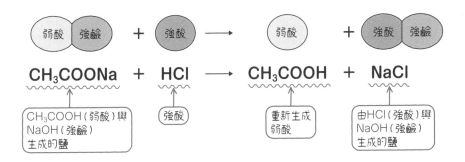

再來看看這個反應的細節吧。醋酸鈉分子在水溶液中大半會解離，這時再加入鹽酸，氫離子會與醋酸根離子（CH_3COO^-）重新結合成醋酸（醋酸為「弱酸」，故分子形式比較穩定！）。剩下的鈉離子（Na^+）與氯離子（Cl^-）會保持原樣溶於水溶液中，可視為最後生成的鹽。

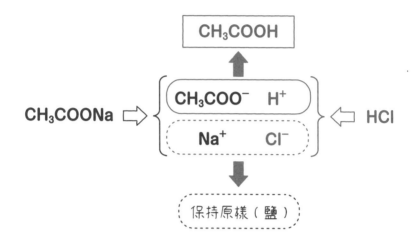

氯化銨（NH_4Cl）與氫氧化鈣（$Ca(OH)_2$）混合加熱也會有類似的結果。由弱鹼的氨（NH_3）與鹽酸（HCl）所形成的鹽，碰上強鹼的氫氧化鈣時，會生成氫氧化鈣與鹽酸的鹽（氯化鈣（$CaCl_2$）），並重新生成弱鹼的氨。

■ **弱鹼的重新生成**

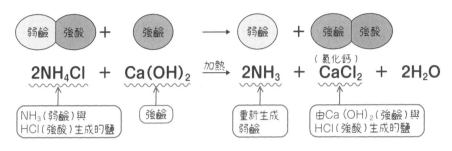

再來看看這個反應的細節吧。將氯化銨與氫氧化鈣混合加熱後，銨離子（NH_4^+）會與氫氧根離子結合，生成氨。剩下的氯離子與鈣離子（Ca^{2+}）會保持原樣溶於水溶液中，可視為最後生成的鹽。

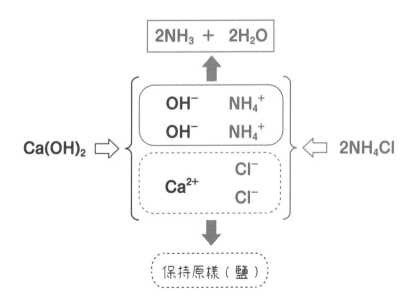

揮發性酸的重新生成

　　若物質易蒸發，會稱其有「揮發性」。若水溶液的溶質（溶於水的物質）易轉變成氣體散逸，亦可稱其有揮發性。舉例來說，濃鹽酸表面會一直揮發出氣態氯化氫，散發出刺激性臭味。不過，濃硫酸就完全沒有任何臭味（因為做為溶質的硫酸不會氧化）。也就是說，「鹽酸有揮發性」，「硫酸無揮發性」。

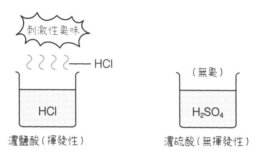

濃鹽酸（揮發性）　　　　濃硫酸（無揮發性）

　　氯化鈉是鹽酸與氫氧化鈉中和後生成的鹽。

$$HCl + NaOH \longrightarrow NaCl + H_2O$$

氯化鈉與濃硫酸混合加熱後，會產生氯化氫。

$$NaCl + H_2SO_4 \longrightarrow NaHSO_4 + HCl\uparrow$$
硫酸氫鈉

　　雖然鹽酸（氯化氫）是強酸（硫酸也是強酸），但鹽酸有揮發性，故加熱後會重新生成氯化氫氣體散逸，最後會剩下由無揮發性的硫酸所形成的鹽。

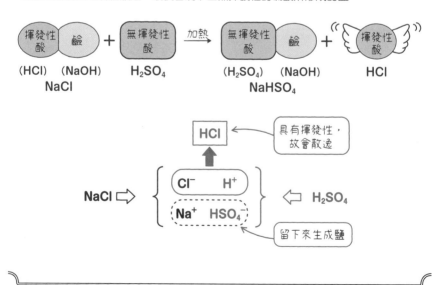

第 1 章
第 2 章
第 3 章
第 4 章
第 5 章
第 6 章

專 欄 石蕊試紙的使用方式

你知道怎麼使用石蕊試紙嗎？石蕊試紙可分成「紅色石蕊試紙」與「藍色石蕊試紙」。石蕊在酸性環境下呈紅色，在鹼性環境下呈藍色。若預先以弱酸性物質處理，可製成紅色石蕊試紙；預先以弱鹼性物質處理，可製成藍色石蕊試紙。

調查水溶液的酸鹼性時，會使用「2張一組」的石蕊試紙，1張為紅色，1張為藍色。若藍色石蕊試紙變成紅色，溶液就是「酸性」；若紅色石蕊試紙變成藍色，溶液就是「鹼性」；若2張石蕊試紙都沒有變色，溶液就是「中性」。不過，如果酸性或鹼性非常弱，那麼顏色可能不會改變，故石蕊試紙只能大略測出溶液的酸鹼性。

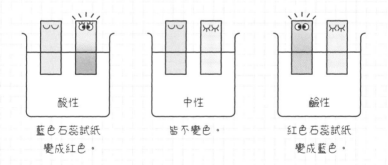

② 酸鹼中和滴定

（1）酸鹼中和時酸與鹼的定量關係

酸鹼中和時會發生 $H^+ + OH^- \longrightarrow H_2O$ 的反應，達到當量點（酸與鹼剛好中和）時，以下關係成立。

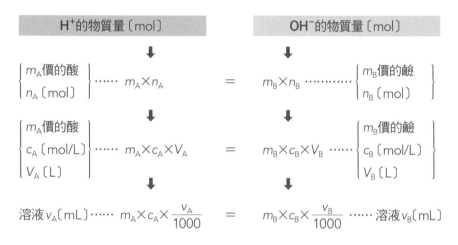

| H^+的物質量〔mol〕 | | OH^-的物質量〔mol〕 |

$\left\{\begin{array}{l} m_A \text{價的酸} \\ n_A \text{〔mol〕} \end{array}\right\} \cdots\cdots m_A \times n_A \quad = \quad m_B \times n_B \cdots\cdots \left\{\begin{array}{l} m_B \text{價的鹼} \\ n_B \text{〔mol〕} \end{array}\right\}$

$\left\{\begin{array}{l} m_A \text{價的酸} \\ c_A \text{〔mol/L〕} \\ V_A \text{〔L〕} \end{array}\right\} \cdots\cdots m_A \times c_A \times V_A \quad = \quad m_B \times c_B \times V_B \cdots\cdots \left\{\begin{array}{l} m_B \text{價的鹼} \\ c_B \text{〔mol/L〕} \\ V_B \text{〔L〕} \end{array}\right\}$

溶液 v_A〔mL〕$\cdots\cdots m_A \times c_A \times \dfrac{v_A}{1000} \quad = \quad m_B \times c_B \times \dfrac{v_B}{1000} \cdots\cdots$ 溶液 v_B〔mL〕

例題

試回答以下問題。

（1）　欲中和 2.0×10^{-2} mol 的鹽酸（HCl），需要多少物質量〔mol〕的氫氧化鈉（NaOH）。

（2）　欲中和 0.200 L 的 0.100 mol/L 硫酸（H_2SO_4），需要多少 L 的 0.200 mol/L 氫氧化鈉水溶液？

（3）　欲中和 100 mL 的 0.100 mol/L 醋酸，需要多少 mL 的 0.200 mol/L 氫氧化鈉水溶液？

解答・解説 ....

(1) 使用$m_A \times n_A = m_B \times n_B$這個公式。

鹽酸為1價強酸，氫氧化鈉為1價強鹼，將$m_A = 1$、$n_A = 2.0 \times 10^{-2}$、$m_B = 1$ 代入公式，可得

$$1 \times 2.0 \times 10^{-2} = 1 \times n_B$$

$$n_B = \textbf{2.0} \times \textbf{10}^{-2} \textbf{ (mol)} \quad \cdots 答$$

(2) 使用$m_A \times c_A \times V_A = m_B \times c_B \times V_B$這個公式。

硫酸為2價強酸，氫氧化鈉為1價強鹼，將$m_A = 2$、$c_A = 0.100$，$V_A = 0.200$，$m_B = 1$、$c_B = 0.200$代入公式，可得

$$2 \times 0.100 \times 0.200 = 1 \times 0.200 \times V_B$$

$$V_B = \textbf{0.200 (L)} \quad \cdots 答$$

(3) 醋酸（CH_3COOH）為1價弱酸、氫氧化鈉（$NaOH$）為1價強鹼。不過，酸鹼中和所需的物質量與酸鹼的強弱無關。僅由「價數」決定！

使用$m_A \times c_A \times \dfrac{V_A}{1000} = m_B \times c_B \times \dfrac{V_B}{1000}$ 這個公式。

將$m_A = 1$、$c_A = 0.100$、$v_A = 100$、$m_B = 1$、$c_B = 0.200$代入公式，可得

$$1 \times 0.100 \times \frac{100}{1000} = 1 \times 0.200 \times \frac{v_B}{1000}$$

$$v_B = \textbf{50.0 (mL)} \quad \cdots 答$$

（2）酸鹼中和滴定

若知道酸性溶液或鹼性溶液其中一方的濃度，
可藉由**酸鹼中和滴定**測出另一種溶液的濃度。

　　知道酸性溶液或鹼性溶液其中一方的濃度後，可藉由酸鹼中和反應，測出另一種溶液的濃度。這種操作過程稱為「**酸鹼中和滴定**」。

① 酸鹼中和滴定的步驟

　　用**定量吸管**吸取未知濃度的醋酸水溶液，加入**錐形瓶**內。

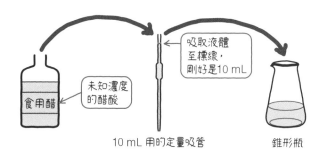

食用醋 — 未知濃度的醋酸

吸取液體至標線，剛好是10 mL

10 mL 用的定量吸管　　　錐形瓶

　　接著，在錐形瓶內滴入2、3滴酚酞（→p.146），並將已知濃度的氫氧化鈉水溶液加進**滴定管**內，「使氫氧化鈉水溶液充滿至滴定管末端」後，再開始滴定。

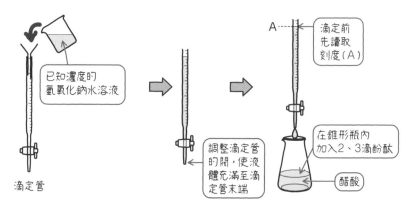

已知濃度的氫氧化鈉水溶液

滴定管

調整滴定管的閥，使液體充滿至滴定管末端

A----╫　滴定前先讀取刻度（A）

在錐形瓶內加入2、3滴酚酞

醋酸

當酚酞從無色變成紅色後，停止滴定，並測量已滴入多少氫氧化鈉水溶液。

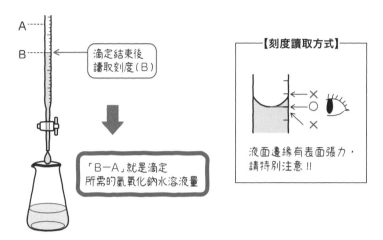

A

B

滴定結束後
讀取刻度（B）

「B－A」就是滴定
所需的氫氧化鈉水溶液量

【刻度讀取方式】

液面邊緣有表面張力，
請特別注意!!

第1章

第2章

第3章

第4章

第5章

第6章

② 器材準備

以純水清洗過定量吸管與滴定管後，用「稍後將加入的溶液」潤洗數次。另外，容量瓶與錐形瓶只需以純水清洗，不需要潤洗。

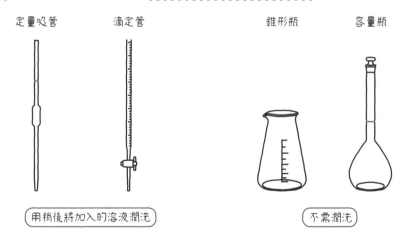

定量吸管　　　滴定管　　　　　　　　錐形瓶　　　容量瓶

用稍後將加入的溶液潤洗

不需潤洗

容量瓶、定量吸管、滴定管等器材不可加熱烘乾（加熱會使器材膨脹而無法正確測定體積）。

酸鹼中和滴定中，①錐形瓶與②滴定管用於滴定，③定量吸管用於測量水溶液的正確體積，那麼，④容量瓶有什麼作用呢？

　　我們在第13講中曾介紹過容量瓶，這是一種「可配置精準體積之水溶液的工具」。簡單來說，就是「稀釋用的工具」。舉例來說，用定量吸管取10 mL的醋酸，加入500 mL的容量瓶內，再加水至500 mL，便可配置出「稀釋50倍的醋酸」。

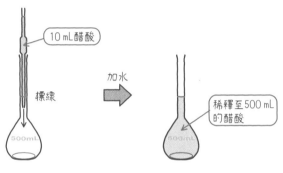

例題

　　以下（1）～（4）為酸鹼中和時會用到的器材。這些器材在使用前需如何處理？請分別從A、B中選出一個答案。

（1）　定量吸管
（2）　滴定管
（3）　錐形瓶
（4）　容量瓶

A.　以純水洗淨，用「稍後將加入的溶液」潤洗數次，在濕潤狀態下直接使用。

B.　以純水洗淨，在濕潤狀態下直接使用。

解答・解説 ....

> **基本方針 ➡ 不要讓酸（或鹼）的物質量出現變化！**

使用各種器具時有個重要原則，那就是「不要讓酸（或鹼）的物質量出現變化」。

(1) 如果以純水清洗定量吸管後直接使用，定量吸管內的溶液會被稀釋，代表濃度改變（濃度會下降）。

在體積正確的情況下，濃度下降就代表物質量變少，無法正確地定量。

故使用前必須要先用「稍後將加入的溶液」潤洗，使濃度不會產生變化。

因此，正解為　**A** …答

(2) 滴定管也和定量吸管一樣。

在「體積」正確的情況下，如果管內有多餘的純水，濃度就會被稀釋，導致物質量也產生變化。

故也需要潤洗，正解為　**A** …答

(3) 滴定前，需量取定量的待測酸性液體（或是鹼性液體）裝入錐形瓶，故錐形瓶內的物質量已是精確的物質量，即使原本錐形瓶內有水也沒關係。

要是預先用待測液體潤洗，則會錐形瓶內會有多餘的酸（或鹼），使物質量出現變化（增加）。

因此，正解為　**B** …答

(4) 容量瓶是「稀釋用工具」。

稀釋酸、鹼溶液時，需先「量取正確物質量」的酸或鹼加入容量瓶，再用純水稀釋。

與錐形瓶一樣，如果先用酸、鹼溶液潤洗容量瓶的話，瓶內物質量就會出現變化（增加）。

故正解為　**B** …答

（3）滴定曲線

　　酸鹼中和滴定時，將加入的酸、鹼溶液體積與溶液pH的關係繪成圖，可得到「**滴定曲線**」或稱「**中和曲線**」。

　　酸鹼剛好中和的點叫做「**當量點**」。當量點附近的pH值會有劇烈變化，酸鹼指示劑的顏色也會改變，使我們知道溶液達到當量點。

　　下表為常用指示劑「變色範圍的pH」、「酸性時的顏色」以及「鹼性時的顏色」。

指示劑名稱	酸性時的顏色	變色範圍的pH	鹼性時的顏色
甲基橙	紅	3.1～4.4	黃
甲基紅	紅	4.2～6.2	黃
石蕊	紅	4.5～8.3	藍
溴瑞香草酚藍 （溴百里酚藍）	黃	6.0～7.6	藍
酚酞	無色	8.0～9.8	紅

　　「**變色範圍**」是顏色產生變化的pH範圍。「**變色範圍兩側的顏色**」與變色範圍的「**pH**」是考試重點！**甲基橙**與**酚酞**是常考題目，請務必記熟！

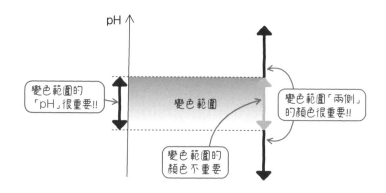

① 強酸與強鹼的滴定

　　當量點的pH為7。當量點附近的pH變化很大，不管是用酚酞還是甲基橙，都可以在達當量點時變色，故兩種指示劑皆適用。

■ 以NaOH（強鹼）滴定HCl（強酸）時的滴定曲線

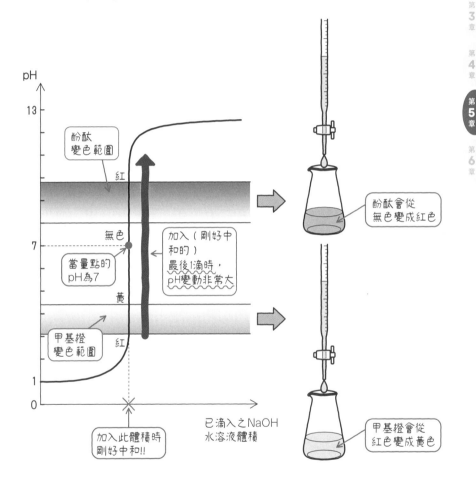

② 弱酸與強鹼的滴定

當量點的pH大於7。與①相比，當量點時溶液偏鹼性，只有酚酞能在達當量點時變色（若使用甲基橙做為指示劑，在開始滴定前就會變色，故此實驗不能用甲基橙）。因此，以強鹼滴定弱酸時，只能用酚酞做為指示劑。

■ 以 NaOH（強鹼）滴定 CH₃COOH（弱酸）時的滴定曲線

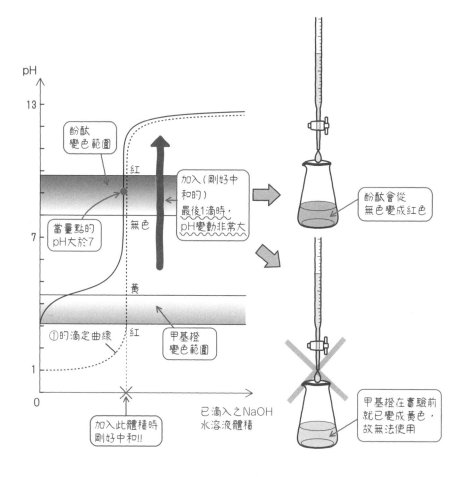

③ 強酸與弱鹼的滴定

當量點的pH小於7。與①相比，當量點時溶液偏酸性，只有甲基橙能在達當量點時變色（若使用酚酞做為指示劑，在達當量點時仍不會變色，故此實驗不能用酚酞）。故以弱鹼滴定強酸時，只能用甲基橙做為指示劑。

■ 以 NH₃(弱鹼) 滴定 HCl(強酸) 時的滴定曲線

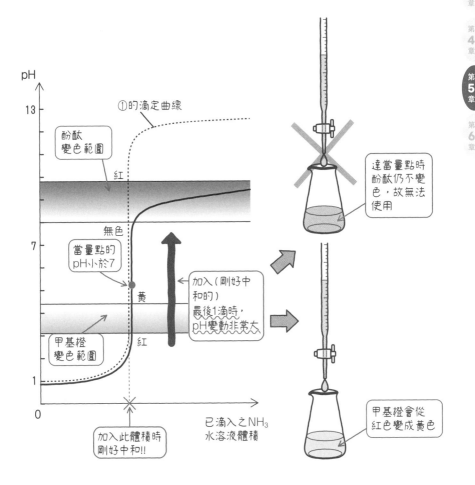

碳酸鈉（Na_2CO_3）的兩階段中和

速成重點！

以鹽酸滴定碳酸鈉時的指示劑

第一當量點→酚酞

第二當量點→甲基橙

二氧化碳（CO_2）水溶液中，一部分二氧化碳會形成碳酸（H_2CO_3）。碳酸為不穩定的2價弱酸。另一方面，氫氧化鈉是1價強鹼。

$$CO_2 + H_2O \rightleftharpoons (H_2CO_3)$$
$$\rightleftharpoons \underset{（2價）}{\underline{2H^+ + CO_3^{2-}}}$$

$$NaOH \longrightarrow Na^+ + \underset{（1價）}{\underline{OH^-}}$$

碳酸（＝二氧化碳）與氫氧化鈉中和反應後生成的鹽為碳酸鈉（Na_2CO_3）。

$$2NaOH + CO_2 \longrightarrow Na_2CO_3 + H_2O$$

碳酸鈉是碳酸（弱酸）的鹽，若與鹽酸（強酸）混合，會生成鹽酸的鹽（＝氯化鈉），並重新生成碳酸。

$$\underset{\substack{強鹼\ 弱酸 \\ 鹽}}{Na_2CO_3} + \underset{強酸}{2HCl} \longrightarrow \underset{\substack{強鹼\ 強酸 \\ 鹽}}{2NaCl} + H_2O + \underset{弱酸}{CO_2\uparrow}$$

（碳酸不穩定，
易分解成
CO_2 與 H_2O）

全反應就如上方所呈現的，不過，實際上碳酸鈉會進行下方所列的「兩階段反應」！

第一階段：$Na_2CO_3 + HCl \longrightarrow NaHCO_3 + NaCl$

第二階段：$NaHCO_3 + HCl \longrightarrow NaCl + H_2O + CO_2\uparrow$

滴定曲線如下所示。

■ 以 HCl 滴定 Na$_2$CO$_3$ 的滴定曲線

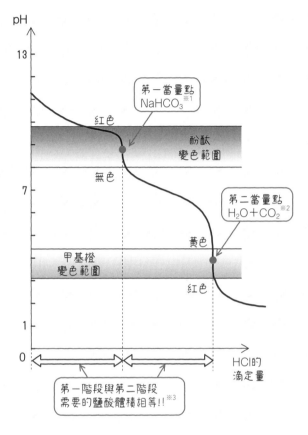

※1　第一階段結束時，溶液中多為碳酸氫鈉，可推測出溶液應為弱鹼性。因此，應使用酚酞做為指示劑。

※2　第二階段結束時，溶液中重新生成碳酸，並分解成水與二氧化碳
　　（(H$_2$CO$_3$) $\longrightarrow$ H$_2$O + CO$_2$）。此時溶液為弱酸性，故應使用甲基橙做為指示劑。

※3　第一階段與第二階段的化學反應式中，鹽酸（HCl）的係數「皆為1」，由此可知第一階段與第二階段的「鹽酸滴定量相等」。

專 欄 酸鹼中和反應一定會生成水（H_2O）嗎？

讓我們來看一個簡單的實驗。

在透明粗玻璃管的一端塞入沾有濃鹽酸的脫脂棉花，另一端塞入沾有濃氨水的脫脂棉花，靜置一段時間後，可以看到中間靠近濃鹽酸一端的位置會生成白煙。這是因為玻璃管內的氣態氯化氫與氨反應，生成氯化銨。此時反應式如下所示。

$$NH_3 + HCl \longrightarrow NH_4Cl$$

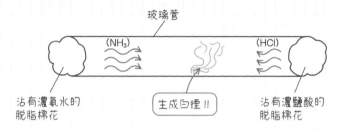

玻璃管

(NH_3)　　(HCl)

沾有濃氨水的
脫脂棉花

生成白煙!!

沾有濃鹽酸的
脫脂棉花

順帶一提，氨水與鹽酸混合後會產生酸鹼中和反應，生成銨離子。此時會生成水（H_2O），但反應式左右水分子可互相抵消。

$$NH_3 + H_2O \rightleftharpoons NH_4^+ + OH^-$$
$$+) \qquad\qquad\qquad HCl \longrightarrow H^+ + Cl^-$$
$$\overline{NH_3 + HCl + H_2O \longrightarrow NH_4Cl + H_2O}$$

由於這次實驗不在水溶液中反應，而是讓氨（NH_3）與氯化氫（HCl）直接反應，故不會生成水（H_2O）。

這表示「**存在不會生成水（H_2O）的酸鹼中和反應**」。

第 **6** 章

氧化與還原

第17講 氧化、還原

　　若化學反應中有電子轉移的情況，則稱為「氧化還原反應」。本節先來看看如何計算「氧化數」。

1 氧化、還原

　　若物質反應時出現**電子轉移**的情況，則稱為「氧化還原反應」。**獲得電子的物質**稱為「氧化劑」，**失去電子的物質**稱為「還原劑」。

■**氧化還原反應（電子的轉移）**

　　在氧原子或氫原子轉移到其他分子上時，也會發生氧化還原反應。然而，由於氧原子傾向搶走其他原子的電子，氫原子傾向將電子給予其他原子，故這兩種原子的轉移亦可視為電子的轉移。

■**氧化還原反應（氧原子的轉移）**

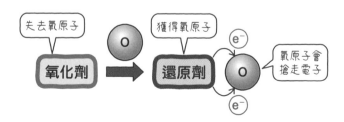

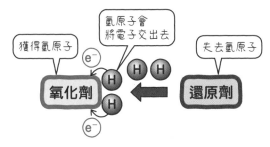

■ 氧化還原反應（氫原子的轉移）

因此，電子的轉移、氧原子的轉移、氫原子的轉移都是氧化還原反應，整理如下表。

■ 氧化還原反應的整理

氧化劑	還原劑
獲得電子	失去電子
失去氧原子	獲得氧原子
獲得氫原子	失去氫原子
氧化其他分子	還原其他分子
自己被還原	自己被氧化

2 氧化數

速成重點！

氧化數可表示原子**多餘或缺少的電子數**。

氧化劑的氧化數會減少，還原劑的氧化數會增加。

（1）氧化數

「**氧化數**」可表示原子多了幾個電子，或者少了幾個電子。舉例來說，如果某個原子獲得了1個電子，氧化數會變成「－1」；如果某個原子失去2個電子，氧化數會變成「＋2」。

$$Cl + e^- \longrightarrow \underset{\text{氧化數為「－1」}}{Cl^-}$$

$$Mg \longrightarrow \underset{\text{氧化數為「＋2」}}{Mg^{2+}} + 2e^-$$

（2）氧化數的計算方式

氧化數需依照一定規則計算。

氧化數計算規則

（ⅰ）單質中的原子，氧化數為0。

（ⅱ）化合物中，鹼金屬為＋1，鹼土金屬與鎂為＋2。

（ⅲ）化合物中，氫為＋1。

（ⅳ）化合物中，氧為－2。

※編號愈前面的規則優先。

---

① 分子：以硝酸為例

以硝酸（HNO_3）分子中的氮原子 N 為例，由氧化數計算規則的（ⅲ）和（ⅳ），可以得到 N 的氧化數為

$$\underset{+1 \quad x \quad (-2)\times 3}{HNO_3}$$

$+1+x+（-2）\times 3=0$ ←因為是分子，故淨電荷為 0

可得

$x=+5$

（氧化數為正數時需加上「＋」！）

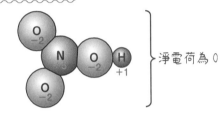

} 淨電荷為 0

② 離子：以過錳酸根離子為例

以過錳酸根離子（MnO_4^-）中的錳 Mn 為例，由氧化數計算規則的（ⅳ），可以得到 Mn 的氧化數為

$$\underset{y \quad (-2)\times 4 \quad -1}{MnO_4^{-}}$$

$y+（-2）\times 4=-1$ ←因為是 1 價陰離子，故淨電荷為 -1

可得

$y=+7$

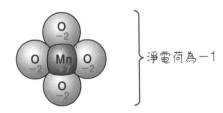

} 淨電荷為 -1

③ 例外：過氧化氫

那麼，過氧化氫（H_2O_2）分子內的氧 O 的氧化數又是多少呢？由氧化數計算規則的（ⅲ）和（ⅳ），可得到

$$\underset{(+1)\times 2\ (-2)\times 2}{H_2O_2}\ ?$$

$(+1)\times 2 + (-2)\times 2 = -2$ ←明明是分子，淨電荷卻是－2？

因為過氧化氫是分子，故淨電荷應為0，與算出來的結果－2有矛盾……。要注意的是，計算氧化數時，「規則（ⅲ）比（ⅳ）優先」！因為「氫是＋1」，所以

$$\underset{(+1)\times 2\ \ z\times 2}{H_2O_2}$$

$(+1)\times 2 + z \times 2 = 0$ ←因為是分子，故淨電荷為0！

可得

$z = -1$

過氧化氫是考試常出的題目，請特別注意。

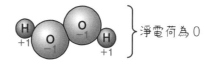
淨電荷為 0

158

為什麼過氧化氫的氧化數是例外呢？

　　看到過氧化氫分子的結構式，應該就可以明白為什麼這裡氧的氧化數與眾不同。氧的電負度比氫還要大，會使共用電子對偏向氧這一則，讓氫的氧化數變為「+1」。不過，因為氧原子之間吸引電子的能力「平手」，所以氧的氧化數為「−1」。

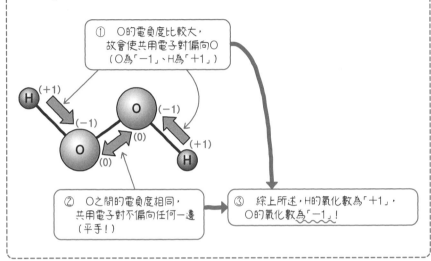

　　因為電子帶有負電荷，所以在氧化還原反應後，「氧化劑的氧化數減少」、「還原劑的氧化數增加」。

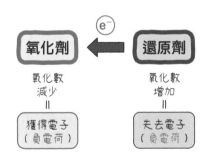

讓我們各看一個例子吧。

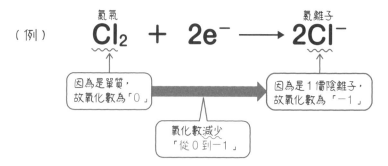

（例） Cl$_2$ + 2e$^-$ ⟶ 2Cl$^-$

氯氣 — 因為是單質，故氧化數為「0」

氯離子 — 因為是 1 價陰離子，故氧化數為「−1」

氧化數減少「從 0 到 −1」

※氯氣（Cl$_2$）為雙原子分子，故在「獲得 2 個電子」後，可形成 2 個氯離子（Cl$^-$）。

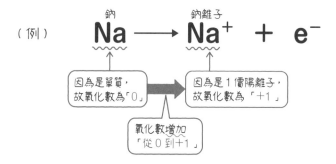

（例） Na ⟶ Na$^+$ + e$^-$

鈉 — 因為是單質，故氧化數為「0」

鈉離子 — 因為是 1 價陽離子，故氧化數為「＋1」

氧化數增加「從 0 到 ＋1」

例題

試求出畫有底線之原子的氧化數。

(1) HC<u>l</u>O   (2) <u>H</u>₂   (3) Na<u>Cl</u>   (4) <u>Mn</u>O₂   (5) <u>Ca</u>²⁺

解答・解說

(1) 由氧化數計算規則（iii）可以知道，H的氧化數為+1；由（iv）可以知道O的
　　氧化數為−2。設Cl的氧化數為x，可得到
$$+1+x+(-2)=0$$
$$x=\mathbf{+1} \quad \cdots 答$$

(2) H_2為單質，由氧化數計算規則（i）可以知道，H的氧化數為 **0** ⋯答

(3) Na以鈉離子（Na^+）的形式存在（氧化數計算規則（ii）），Cl以氯離子
　　（Cl^-）的形式存在。

　　故Cl的氧化數為 **−1** ⋯答

(4) 由氧化數計算規則（iv）可以知道，O的氧化數為−2。設Mn的氧化數為y，
　　則
$$y+(-2)\times2=0$$
$$y=\mathbf{+4} \quad \cdots 答$$

(5) 鈣離子（Ca^{2+}）為鈣原子（Ca）失去2個電子後的狀態（氧化數計算規則
　　（ii））。

　　因此，Ca的氧化數為 **+2** ⋯答

第18講 氧化還原反應的化學反應式

含有電子的反應式稱為「半反應式」。以下介紹如何依照順序寫出「離子反應式」與「化學反應式」。

氧化還原反應中，需依照以下順序寫出化學反應式。

$$\boxed{\text{半反應式}} \rightarrow \boxed{\text{離子反應式}} \rightarrow \boxed{\text{化學反應式}}$$

就像是「逐漸成長的反應式」一樣。用植物來比喻的話，半反應式就像是剛長出2片葉子的幼苗，離子反應式像是葉子愈來愈多的植株，化學反應式則是開花的植株。

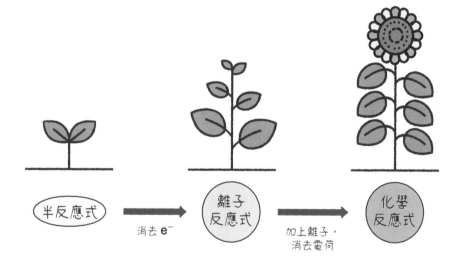

① 半反應式

> **速成重點！**
>
> 有電子的反應式叫做半反應式。
>
> **氧化劑與還原劑各可寫成1個半反應式！**

（1）半反應式

　　有電子的反應式叫做「**半反應式**」。名字裡有個「半」，會讓人有種反應只完成一半的感覺對吧。將氧化劑的半反應式與還原劑的半反應式合在一起後，就可以得到1個完整的反應式了。

　　讓我們來看看常見的反應式吧。舉例來說，過錳酸鉀（$KMnO_4$）在水溶液中會產生下方的解離反應，生成過錳酸根離子（MnO_4^-）。

$$KMnO_4 \longrightarrow K^+ + MnO_4^-$$

　　而這個過錳酸鉀離子會搶走其他原子的電子（也就是做為氧化劑使用！）。其半反應式如下。

$$MnO_4^- + 8H^+ + 5e^- \longrightarrow Mn^{2+} + 4H_2O$$

　　反應式看起來很複雜吧。請注意左邊的「$5e^-$」。**電子位於左邊時，表示這是獲得電子的反應**，也就是**「做為氧化劑使用」**。

　　接著來看看過氧化氫。過氧化氫做為還原劑使用時，半反應式如下。

$$H_2O_2 \longrightarrow O_2 + 2H^+ + 2e^-$$

由於電子（$2e^-$）位於右邊，故表示過氧化氫是**「做為還原劑使用」**。

　　次頁整理出氧化劑與還原劑常見的半反應式，請一一確認。

主要半反應式（氧化劑）

過錳酸鉀（酸性）：$MnO_4^- + 8H^+ + 5e^- \longrightarrow Mn^{2+} + 4H_2O$

二鉻酸鉀（酸性）：$(K_2Cr_2O_7 \longrightarrow 2K^+ + Cr_2O_7^{2-})$

$\qquad\qquad\qquad\ Cr_2O_7^{2-} + 14H^+ + 6e^- \longrightarrow 2Cr^{3+} + 7H_2O$

過氧化氫（酸性）：$H_2O_2 + 2H^+ + 2e^- \longrightarrow 2H_2O$

熱濃硫酸　　　：$H_2SO_4 + 2H^+ + 2e^- \longrightarrow SO_2 + 2H_2O$

稀硝酸[※]　　　：$NO_3^- + 4H^+ + 3e^- \longrightarrow NO + 2H_2O$

$\qquad\qquad\qquad (HNO_3 + 3H^+ + 3e^- \longrightarrow NO + 2H_2O)$

濃硝酸　　　　：$HNO_3 + H^+ + e^- \longrightarrow NO_2 + H_2O$

鹵素　　　　　：（X＝F、Cl、Br、I）

$\qquad\qquad\qquad X_2 + 2e^- \longrightarrow 2X^-$

二氧化硫　　　：$SO_2 + 4H^+ + 4e^- \longrightarrow S + 2H_2O$

※ 稀硝酸的解離度大，故會以（NO_3^-）的形式參與反應。

主要半還原式（還原劑）

二氧化硫　　：$SO_2 + 2H_2O \longrightarrow SO_4^{2-} + 4H^+ + 2e^-$

硫化氫　　　：$H_2S \longrightarrow S + 2H^+ + 2e^-$

過氧化氫　　：$H_2O_2 \longrightarrow O_2 + 2H^+ + 2e^-$

草酸　　　　：$H_2C_2O_4 \longrightarrow 2CO_2 + 2H^+ + 2e^-$

鈉　　　　　：$Na \longrightarrow Na^+ + e^-$

碘化鉀　　　：（$KI \longrightarrow K^+ + I^-$）

$\qquad\qquad\quad 2I^- \longrightarrow I_2 + 2e^-$

硫酸鐵（Ⅱ）：（$FeSO_4 \longrightarrow Fe^{2+} + SO_4^{2-}$）

$\qquad\qquad\quad Fe^{2+} \longrightarrow Fe^{3+} + e^-$

（2）如何建構半反應式

要完全記住每一個半反應式相當費工夫，但其實沒有必要把它們全部背下來，只要記得「變成了什麼」，再把剩下的部分建構出來就行了。請牢記半反應式的建構原則。

> **半反應式建構原則**
>
> **（ⅰ）用氫離子（H^+）平衡氫的數量。**
>
> **（ⅱ）用水（H_2O）平衡氧的數量。**
>
> **（ⅲ）原本與金屬原子結合的氧，會與之分離形成水分子（H_2O）。**
>
> ※（ⅲ）包含在（ⅱ）裡面，不過如果半反應式內有金屬原子時，只靠（ⅱ）沒辦法建構出半反應式，這時如果知道（ⅲ）就會方便許多。

讓我們以過錳酸根離子（氧化劑）為例，試著建構半反應式吧。

首先，過錳酸根離子（MnO_4^-）在硫酸的酸性下可轉變成錳（Ⅱ）離子（Mn^{2+}）（這點一定要記熟）。

$$MnO_4^- \longrightarrow Mn^{2+}$$

錳是金屬。由半反應式建構原則（ⅲ），可以知道過錳酸根的4個氧原子會與錳分離，形成水分子。

$$MnO_4^- \longrightarrow Mn^{2+} + \underline{4H_2O}$$

> 4個O原子會
> 形成4個H_2O分子

右邊有8個氫原子（4個水分子），由原則（ⅰ）可知，要用氫離子來調整數量。

$$MnO_4^- + \underline{8H^+} \longrightarrow Mn^{2+} + \underline{4H_2O}$$

> 用H^+來平衡
> 8個H原子

最後加上適當數量的電荷。原本左邊總電荷為＋7、右邊總電荷為＋2，故需「在左邊加上5個電子」，達成電荷平衡。

$$\underset{-1+8=+7}{\underline{MnO_4^-}} + 8H^+ + \underset{\uparrow}{\underline{5e^-}} \longrightarrow \underset{+2+0=+2}{\underline{Mn^{2+}} + 4H_2O}$$

－5 後達成平衡

這樣化學式就完成了！你有發現錳的氧化數「從＋7變為＋2」嗎？過錳酸根離子可接收5個電子，這5個電子都由錳接收。順帶一提，氧的氧化數一直都是－2，沒有變化。

$$\underset{氧化數+7}{\underline{MnO_4^-}} + 8H^+ + 5e^- \longrightarrow \underset{氧化數+2}{\underline{Mn^{2+}}} + 4H_2O$$

請牢記各主要氧化劑與還原劑在反應後「會變成什麼物質」。

反應前後的物質變化（氧化劑）

過錳酸鉀（MnO_4^-）（酸性）→ 錳（Ⅱ）離子（Mn^{2+}）

二鉻酸鉀（$Cr_2O_7^{2-}$）（酸性）→ 鉻（Ⅲ）離子（Cr^{3+}）

過氧化氫（H_2O_2）（酸性）→ 水（H_2O）

熱濃硫酸（H_2SO_4）→ 二氧化硫（SO_2）

稀硝酸（HNO_3）→ 一氧化氮（NO）

濃硝酸（HNO_3）→ 二氧化氮（NO_2）

二氧化硫（SO_2）→ 硫（S）

反應前後的物質變化（還原劑）

二氧化硫（SO_2）→ 硫酸根離子（SO_4^{2-}）

硫化氫（H_2S）→ 硫（S）

過氧化氫（H_2O_2）→ 氧（O_2）

草酸（$H_2C_2O_4$）→ 二氧化碳（CO_2）

第 1 章

第 2 章

第 3 章

第 4 章

第 5 章

第 6 章

② 離子反應式

離子反應式可用以表示離子反應。

合併半反應式再消去電子後，就能得出！

「**離子反應式**」**可表示離子的反應**。合併氧化劑的半反應式與還原劑的半反應式，再消去電子之後，就可以得到離子反應式。

假設氧化劑為過錳酸根離子，還原劑為過氧化氫（H_2O_2），可建構出以下離子反應式。

過氧化氫（還原劑）會「轉變成氧（O_2）」。

$$H_2O_2 \longrightarrow O_2$$

以氫離子平衡氫的數量。

$$H_2O_2 \longrightarrow O_2 + 2H^+$$

為了平衡電荷，在右邊加上2個電子後，完成。

$$H_2O_2 \longrightarrow O_2 + 2H^+ + 2e^-$$

氧化數−1　　氧化數0

過錳酸根離子（氧化劑）會轉變成「錳（Ⅱ）離子（Mn^{2+}）」。我們在 ❶ 已經練習過了，這裡再複習一次，可以大概看過就好。

$$MnO_4^- \longrightarrow Mn^{2+}$$

↓ 以 H_2O 平衡 O

$$MnO_4^- \longrightarrow Mn^{2+} + 4H_2O$$

↓ 以 H^+ 平衡 H

$$MnO_4^- + 8H^+ \longrightarrow Mn^{2+} + 4H_2O$$

↓ 加上電子平衡電荷

$$MnO_4^- + 8H^+ + 5e^- \longrightarrow Mn^{2+} + 4H_2O$$

過錳酸根離子獲得了5個電子，過氧化氫失去了2個電子，這樣不能消去兩邊電子，無法達成平衡。故須將過錳酸根離子的半反應式乘以2倍，過氧化氫的半反應式乘以5倍，使兩者電子數皆為10個，才可消去電子。

$$MnO_4^- + 8H^+ + \boxed{5e^-} \longrightarrow Mn^{2+} + 4H_2O$$

　　　　　　　　　↑
　　　　　　 2倍後為10e$^-$

$$H_2O_2 \longrightarrow O_2 + 2H^+ + \boxed{2e^-}$$

　　　　　　　　　　　　↑
　　　　　　　　　5倍後為10e$^-$

$$
\begin{array}{l}
2MnO_4^- + 16H^+ + 10e^- \longrightarrow 2Mn^{2+} + 8H_2O \\
+)\; 5H_2O_2 \longrightarrow 5O_2 + 10H^+ + 10e^- \\
\hline
2MnO_4^- + 5H_2O_2 + 6H^+ \longrightarrow 2Mn^{2+} + 8H_2O + 5O_2
\end{array}
$$

（上式 $16H^+$ 上方標示 $6H^+$；下方標示 ※）

※ 操作時會以硫酸做為酸的來源。

　　這樣就完成離子反應式了。

第 1 章

第 2 章

第 3 章

第 4 章

第 5 章

第 6 章

3 化學反應式

消去離子反應式的電荷後的完整反應式就是
化學反應式！

　　化學反應式是完整的反應式。若反應式中存在離子，則須加上電荷相反
的離子，使其淨電荷為0，才能得到化學反應式。

　　這裡以「將過氧化氫水加入過錳酸鉀的硫酸酸性溶液中」的反應為例，
說明如何建構化學反應式。原本應該要先從建構半反應式開始，不過前面的
2 已經寫出離子反應式了，故以下只描述最後一步該怎麼做。

　　請先看過錳酸根離子與過氧化氫的離子反應式的左邊，因為過錳酸鉀含
有「鉀」，故需加上鉀離子（K^+）；又因為在「硫酸」酸性溶液內反應，故
須加上硫酸根離子（SO_4^{2-}）。添加的離子電荷與原本離子的電荷相加後應為
「0」，使其不再是離子。再來，「左邊添加了什麼離子，右邊也必須加上一
樣數量的離子」，這樣才能達成平衡!!

$$\underset{\text{加上 }2K^+}{2MnO_4^-} + 5H_2O_2 + \underset{\text{加上 }3SO_4^{2-}}{6H^+}$$

$$\longrightarrow \underset{\text{加上 }2SO_4^{2-}}{2Mn^{2+}} + 8H_2O + \underset{\text{加上 }2K^+ \cdot SO_4^{2-}}{5O_2}$$

⬇

$$2KMnO_4 + 5H_2O_2 + 3H_2SO_4$$
$$\longrightarrow 2MnSO_4 + 8H_2O + 5O_2 + K_2SO_4$$

這樣就順利（？）完成化學反應式了！

那麼，就試著解解看以下幾個例題。讓自己習慣建構化學反應式的過程。

例題

試以化學反應式表示以下 (1)～(3) 的化學反應。

(1) 將草酸（$H_2C_2O_4$）水溶液加入過錳酸鉀的硫酸酸性溶液。
(2) 將過氧化氫水與稀硫酸混合，再加入碘化鉀（KI）水溶液。
(3) 將二氧化硫與硫化氫混合。

解答·解說

首先，分別寫出氧化劑與還原劑的半反應式。

接著，合併氧化劑的半反應式與還原劑的半反應式，消去電子，寫成離子反應式。

加入其他離子，使離子反應式的淨電荷歸零，便完成化學反應式。

請依照這個步驟建構出化學反應式。

(1) 氧化劑為過錳酸鉀，還原劑為草酸。

氧化劑的半反應式為

$$MnO_4^- + 8H^+ + 5e^- \longrightarrow Mn^{2+} + 4H_2O \quad \cdots\cdots①$$

還原劑的半反應式為

$$H_2C_2O_4 \longrightarrow 2CO_2 + 2H^+ + 2e^- \quad \cdots\cdots②$$

將①×2＋②×5，並消去電子可得

$$2MnO_4^- + 5H_2C_2O_4 + 6H^+ \longrightarrow 2Mn^{2+} + 10CO_2 + 8H_2O$$

在兩邊加入$2K^+$、$3SO_4^{2-}$，消去離子可得

$$2KMnO_4 + 5H_2C_2O_4 + 3H_2SO_4$$
$$\longrightarrow 2MnSO_4 + 10CO_2 + 8H_2O + K_2SO_4 \quad \cdots答$$

(2) 過氧化氫可以是氧化劑，也可以是還原劑，但因為碘化鉀是還原劑，故可判斷過氧化氫在這裡做為氧化劑使用。

氧化劑的半反應式為

$$H_2O_2 + 2H^+ + 2e^- \longrightarrow 2H_2O \quad \cdots\cdots ③$$

還原劑的半反應式為

$$2I^- \longrightarrow I_2 + 2e^- \quad \cdots\cdots ④$$

將③＋④，並消去電子可得

$$H_2O_2 + 2H^+ + 2I^- \longrightarrow I_2 + 2H_2O$$

在兩邊加入$2K^+$、SO_4^{2-}，消去離子可得

$$H_2O_2 + H_2SO_4 + 2KI \longrightarrow I_2 + 2H_2O + K_2SO_4$$

…答

(3) 二氧化硫可以是氧化劑，也可以是還原劑，但因為硫化氫是還原劑，故可判斷二氧化硫在這裡做為氧化劑使用。

氧化劑的半反應式為

$$SO_2 + 4H^+ + 4e^- \longrightarrow S + 2H_2O \quad \cdots\cdots ⑤$$

還原劑的半反應式為

$$H_2S \longrightarrow S + 2H^+ + 2e^- \quad \cdots\cdots ⑥$$

將⑤＋⑥×2，並消去電子可得

$$SO_2 + 2H_2S \longrightarrow 3S + 2H_2O \quad \cdots 答$$

這樣便完成了化學反應式！

（會生成白色沉澱的硫（S）與水）

4 氧化還原反應的定量關係

速成重點！

氧化還原反應中，**氧化劑獲得的電子物質量**與
還原劑失去的電子物質量相等！

氧化還原反應是「電子轉移」的反應。所以，氧化劑獲得的電子物質量，與還原劑失去的電子物質量相等。

過錳酸鉀的硫酸酸性溶液與過氧化氫水的反應中，為了使兩邊獲得／失去的電子物質量相等，過錳酸鉀與過氧化氫的物質量必須為2：5，才能完全反應（等於化學反應式的係數）。若 $KMnO_4$ 為 2 mol，參與反應的 H_2O_2 就必須是 5 mol。

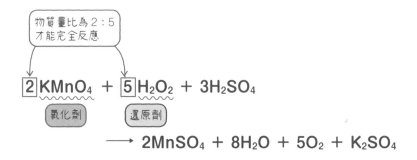

讓我們用半反應式確認一下「物質量比2：5」這點吧。

請回想我們在建構化學反應式時，需先寫出半反應式，再消去電子得到離子反應式（→p.168）。

過錳酸根離子的半反應式為

$$MnO_4^- + 8H^+ + 5e^- \longrightarrow Mn^{2+} + 4H_2O \quad \cdots\cdots ①$$

過氧化氫（還原劑）的半反應式為

$$H_2O_2 \longrightarrow O_2 + 2H^+ + 2e^- \quad \cdots\cdots ②$$

為了消去電子，需將①乘上2倍、②乘上5倍，平衡電子的係數。

①×2可得

$$2MnO_4^- + 16H^+ + 10e^- \longrightarrow 2Mn^{2+} + 8H_2O$$

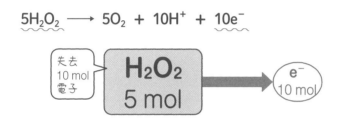

②×5可得

$$5H_2O_2 \longrightarrow 5O_2 + 10H^+ + 10e^-$$

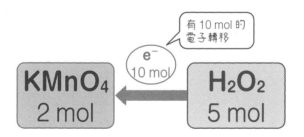

合併可得

以下（1）～（3）的物質組合產生氧化還原反應時，各反應中反應物之物質量的最簡整數比分別是多少？

（1） 過錳酸鉀（硫酸酸性溶液）與草酸

（2） 二鉻酸鉀（硫酸酸性溶液）與過氧化氫

（3） 過氧化氫與硫酸鐵（Ⅱ）

解答・解說

由半反應式的電子係數判斷。

（1） 反應時，過錳酸鉀（$KMnO_4$）會獲得5個電子，草酸（$H_2C_2O_4$）會失去2個電子。假設反應時轉移了10 mol電子，便需要2 mol的過錳酸鉀與5 mol的草酸。

$$MnO_4^- + 8H^+ + \boxed{5e^-} \longrightarrow Mn^{2+} + 4H_2O$$
$$H_2C_2O_4 \longrightarrow 2CO_2 + 2H^+ + \boxed{2e^-}$$

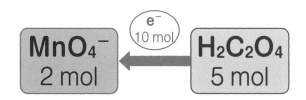

故反應物的物質量比為 **2:5** …答

(2) 反應時，二鉻酸鉀（$K_2Cr_2O_7$）會獲得6個電子，過氧化氫（H_2O_2）會失去2 個電子。假設反應時轉移了6 mol電子，便需要1 mol的二鉻酸鉀與3 mol的過氧化氫。

$$Cr_2O_7^{2-} + 14H^+ + \boxed{6e^-} \longrightarrow 2Cr^{3+} + 7H_2O$$

$$H_2O_2 \longrightarrow O_2 + 2H^+ + \boxed{2e^-}$$

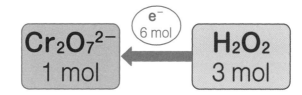

故反應物的物質量比為　**1：3**　…答

(3) 反應時，過氧化氫（H_2O_2）會獲得2個電子，硫酸鐵（Ⅱ）（$FeSO_4$）會失去1 個電子。假設反應時轉移了2 mol的電子，便需要1 mol的過氧化氫與2 mol的硫酸鐵（Ⅱ）。

$$H_2O_2 + 2H^+ + \boxed{2e^-} \longrightarrow 2H_2O$$

$$Fe^{2+} \longrightarrow Fe^{3+} + \boxed{e^-}$$

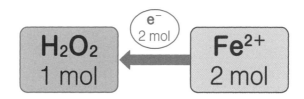

故反應物的物質量比為　**1：2**　…答

第 1 章
第 2 章
第 3 章
第 4 章
第 5 章
第 6 章

5 氧化還原滴定

氧化還原滴定可藉由氧化還原反應求出未知水溶液的濃度！

　　與酸鹼中和滴定（→p.140）類似，利用氧化還原反應求出未知水溶液濃度的方法，叫做「**氧化還原滴定**」。

　　用過錳酸鉀的硫酸酸性溶液滴定過氧化氫水時，不需要指示劑。因為過錳酸根離子（MnO_4^-）為紫紅色，錳離子（Ⅱ）（Mn^{2+}）為無色（正確來說是淡紅色）。若溶液內含有過氧化氫，就會迅速與過錳酸根離子反應，使其轉變成無色；若溶液內已無過氧化氫，那麼滴入的過錳酸根離子會保持原樣，使溶液呈紫紅色。

　　也就是說，「溶液轉變成紫紅色時」就是「滴定終點」。

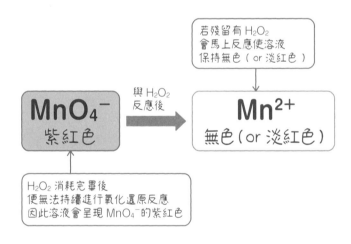

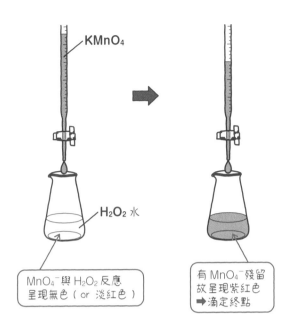

KMnO₄

H₂O₂ 水

MnO₄⁻ 與 H₂O₂ 反應
呈現無色（ or 淡紅色 ）

有 MnO₄⁻ 殘留
故呈現紫紅色
➡ 滴定終點

發生氧化還原反應的難易度

> 氧化還原反應中，反應物的「氧化力」強弱可決定誰是「氧化劑」，誰是「還原劑」。請牢記各種物質的氧化力強度順序。

1 氧化力

氧化力較強的物質在反應中為**氧化劑**，
氧化力較弱的物質在反應中為**還原劑**。

　　「氧化力」可解釋成**吸引電子的強度**。以過氧化氫為例，過氧化氫可做為氧化劑使用，也可做為還原劑使用，為什麼會這樣呢？

　　在氧化還原反應中，一種物質要做為氧化劑還是要做為還原劑，取決於「對方的氧化力」，也就是對方吸引電子的強度。如果對方的氧化力比較強，那麼自己的電子就會被搶走，並以還原劑的身分參與反應；如果對方的氧化力比較弱，那麼就能搶走對方的電子，並以氧化劑的身分參與反應。

來看看氧化力強度的例子

　　試著用公司各階層職位來代表氧化力強度吧。假設有公司名稱叫做「**氧化還原股份有限公司**」。

　① 過錳酸鉀（KMnO₄）與二鉻酸鉀（K₂Cr₂O₇）是「**總經理**」。

　② 過氧化氫（H₂O₂）是「**經理**」。

　③ 二氧化硫（SO₂）是「**年資滿1年的員工**」。

　④ 硫化氫（H₂S）是「**新進員工**」。

　⑤ 其他物質則想成是「**一般員工**」。

總經理	經理	一般員工	年資滿1年的員工	新進員工
$\begin{pmatrix} KMnO_4 \\ K_2Cr_2O_7 \end{pmatrix}$	（H_2O_2）	（其他物質）	（SO_2）	（H_2S）

在氧化還原股份有限公司內，階層愈高的人，氧化力愈強。

氧化力**強**　　　　　　　　　　　　氧化力**弱**

$$KMnO_4 \atop K_2Cr_2O_7 \quad > \quad H_2O_2 \quad > \quad 其他物質 \quad > \quad SO_2 \quad > \quad H_2S$$

 總經理　 經理　 一般員工　 年資滿1年的員工　 新進員工

過氧化氫（H_2O_2）是經理，與部下反應時會搶走部下的電子，就像「氧化劑」一樣。舉例來說，過氧化氫與年資滿1年員工的二氧化硫（SO_2）反應時，會搶走二氧化硫的電子，故為氧化劑。另一方面，若與總經理過錳酸鉀（$KMnO_4$）反應時，電子會被搶走，故此時過氧化氫是「還原劑」。

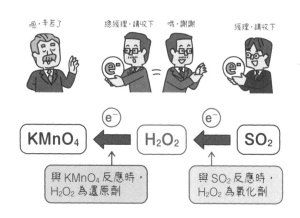

　　另一個要注意的物質是二氧化硫。二氧化硫是年資滿1年的員工，在氧化還原反應中，多為失去電子的「還原劑」。但如果和新進員工硫化氫（H_2S）反應，則會搶走硫化氫的電子。故與硫化氫反應時，二氧化硫是「氧化劑」！

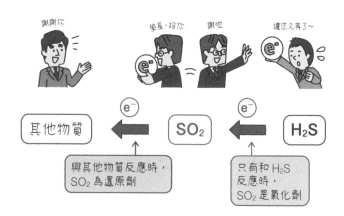

舉個例子來說，過氧化氫與硫酸鐵（Ⅱ）（FeSO₄）反應時，誰是氧化劑，誰是還原劑呢？過氧化氫是經理，硫酸鐵（Ⅱ）是……其他物質，也就是一般員工。經理位階比較高，所以過氧化氫是「氧化劑」，硫酸鐵（Ⅱ）是「還原劑」。

雖然氧化還原股份有限公司只簡單列出幾種物質，並非所有都能對應，不過這些都是常出現在考題中的物質，只要記熟就足以應付多數考題了。

例題

以下（1）～（5）中各有2種物質，當這2種物質發生氧化還原反應時，①、②哪個是氧化劑？請以編號作答。

（1）　①過錳酸鉀　　　②過氧化氫
（2）　①過氧化氫　　　②二氧化硫
（3）　①硫化氫　　　　②二氧化硫
（4）　①碘化鉀　　　　②過氧化氫
（5）　①硫酸鐵（Ⅲ）　②硫化氫

(1) ①是總經理，②是經理　因此，氧化劑是　①　…答

(2) ①是經理，②是年資滿1年的員工　因此，氧化劑是　①　…答

(3) ①是新進員工，②是年資滿1年的員工　因此，氧化劑是　②　…答

(4) ①是一般員工，②是經理　因此，氧化劑是　②　…答

(5) ①是一般員工，②是新進員工　因此，氧化劑是　①　…答

※(5)的半反應式為

$$Fe^{3+} + e^- \longrightarrow Fe^{2+} \quad \cdots\cdots(a)$$
$$H_2S \longrightarrow S + 2H^+ + 2e^- \quad \cdots\cdots(b)$$

將(a)×2+(b)，並消去電子，可得離子反應式如下。

$$H_2S + 2Fe^{3+} \longrightarrow S + 2H^+ + 2Fe^{2+}$$

2 金屬的離子化傾向

速成重點！

金屬陽離子化的難易程度稱為金屬的離子化傾向。

離子化傾向愈小，愈難形成離子！

金屬在水溶液中陽離子化的難易程度稱為「**金屬的離子化傾向**[※]」。

舉例來說，思考將鋅（Zn）加進稀硫酸（H_2SO_4）的情況。H_2SO_4 內的氫會溶解在水溶液內，形成氫離子。因為鋅的離子化傾向比氫大（雖然氫不是金屬），也就是說，鋅比氫更容易轉變成陽離子，故鋅在稀硫酸中會轉變成鋅離子（Zn^{2+}），相對的，氫離子則回變回氫原子（且會兩兩結合在一起，形成氫分子（H_2））。

※ 譯註：台灣亦常稱為「金屬活性」。

$$\begin{pmatrix} \text{Zn 的離子化} \\ \text{傾向較大} \end{pmatrix} \quad \begin{pmatrix} \text{H的離子化} \\ \text{傾向較小} \end{pmatrix} \quad \begin{pmatrix} \text{Zn會轉變成} \\ \text{離子} \end{pmatrix} \quad \begin{pmatrix} \text{H保持原子的樣子，} \\ \text{並轉變成分子} \end{pmatrix}$$

也就是說，「鋅會溶解，並產生氫氣」。

$$Zn + 2H^+ \longrightarrow Zn^{2+} + H_2\uparrow$$

將鋅　　加入稀硫酸中　　鋅會溶解　　產生氫氣

事實上，這個反應是氧化還原反應。鋅是還原劑，氫離子是氧化劑，半反應式如下所示。

$$Zn \longrightarrow Zn^{2+} + 2e^-$$
$$2H^+ + 2e^- \longrightarrow H_2$$

2個半反應式中都有2個電子，故兩者相加後可直接消去電子，得到離子反應式（也就是前面列的反應式）。

$$Zn + 2H^+ \longrightarrow Zn^{2+} + H_2$$

接著在兩邊分別加上硫酸根離子（SO_4^{2-}），就完成化學反應式了。

$$Zn + H_2SO_4 \longrightarrow ZnSO_4 + H_2\uparrow$$

3 離子化傾向序列

速成重點！

離子化傾向序列是依離子化傾向的大小順序排列。

Li、K、Ca、Na可以和冷水反應，Pt、Au則只能和王水反應。

　　將氫與金屬依照離子化傾向的大小排出來的**序列**，稱為「**離子化傾向序列**」。以下列出的金屬是考試的必考題，請善用口訣等方式牢牢記住這個序列。

■金屬的離子化傾向序列

$$\underset{\text{鋰}}{Li} > \underset{\text{鉀}}{K} > \underset{\text{鈣}}{Ca} > \underset{\text{鈉}}{Na} > \underset{\text{鎂}}{Mg} > \underset{\text{鋁}}{Al} > \underset{\text{鋅}}{Zn} > \underset{\text{鐵}}{Fe} > \underset{\text{鎳}}{Ni}$$

$$> \underset{\text{錫}}{Sn} > \underset{\text{鉛}}{Pb} > \underset{\text{氫}}{(H)} > \underset{\text{銅}}{Cu} > \underset{\text{汞}}{Hg} > \underset{\text{銀}}{Ag} > \underset{\text{鉑}}{Pt} > \underset{\text{金}}{Au}$$

（1）水與金屬的反應

① 與冷水反應的金屬

鹼金屬中的鋰（Li）、鉀（K）、鈣（Ca）、鈉（Na）的離子化傾向非常大，可以和冷水反應產生氫氣。

$$2Li + 2H_2O \longrightarrow 2LiOH + H_2\uparrow$$
$$2K + 2H_2O \longrightarrow 2KOH + H_2\uparrow$$
$$Ca + 2H_2O \longrightarrow Ca(OH)_2 + H_2\uparrow$$
$$2Na + 2H_2O \longrightarrow 2NaOH + H_2\uparrow$$

② 與熱水反應的金屬

鎂（Mg）可以和熱水反應產生氫氣。

$$Mg + 2H_2O \longrightarrow Mg(OH)_2 + H_2\uparrow$$

③ 與高溫水蒸氣反應的金屬

鋁（Al）、鋅（Zn）、鐵（Fe）可以和高溫水蒸氣反應產生氫氣。

$$3Fe + 4H_2O \longrightarrow Fe_3O_4 + 4H_2\uparrow$$
四氧化三鐵

（2）與有氧化作用的酸反應之金屬

離子化傾向比氫還要大的金屬單質，可以和鹽酸（HCl）與稀硫酸（H_2SO_4）等反應產生氫氣。

銅（Cu）、汞（Hg）、銀（Ag）的離子化傾向比氫還要小，故無法溶解在稀酸內，卻可以溶解在「有氧化作用的酸（熱濃硫酸或硝酸（HNO_3））」中。這時產生的氣體不是氫氣。

熱濃硫酸：$Cu + 2H_2SO_4 \longrightarrow CuSO_4 + 2H_2O + SO_2\uparrow$
二氧化硫

稀硝酸　：$3Cu + 8HNO_3 \longrightarrow 3Cu(NO_3)_2 + 4H_2O + 2NO\uparrow$
一氧化氮

濃硝酸　：$Cu + 4HNO_3 \longrightarrow Cu(NO_3)_2 + 2H_2O + 2NO_2\uparrow$
二氧化氮

（3）與王水反應的金屬

鉑（Pt）與金（Au）的離子化傾向較小，只能溶解在王水（**將濃鹽酸：濃硝酸以3：1混合的溶液**）內，並產生一氧化氮。

（4）常溫下金屬與氧的反應

離子化傾向大的金屬單質相當容易氧化。從鋰（Li）到鈉（Na）的金屬若暴露在常溫空氣中，會從外到內迅速氧化。從鎂（Mg）到銅（Cu）的金屬若暴露在常溫空氣中，表面會氧化形成一層氧化膜。汞（Hg）以下的金屬在常溫空氣中則不會氧化。

以上內容可整理如下。

■ 金屬活性

金屬	Li	K	Ca	Na	Mg	Al	Zn	Fe	Ni	Sn	Pb	(H₂)	Cu	Hg	Ag	Pt	Au
與水反應	可與冷水反應				可與熱水反應	可與高溫水蒸氣反應			不反應								
與酸反應	可與鹽酸或稀硫酸反應，產生氫氣												可與熱濃硫酸或硝酸反應			可與王水反應	
常溫下與空氣反應	劇烈氧化				可被氧化，在表面形成氧化膜								不會被氧化				

鐵或鋁可溶解於鹽酸或稀硫酸中，並產生氫氣，卻無法溶解於濃硝酸中。這是因為濃硝酸會讓鐵或鋁的表面形成氧化膜，這個過程稱為「鈍化」。

準備考試時，請務必牢記「**鐵與鋁**」的這個特性。

試寫出銅溶解於酸性溶液時的
化學反應式！

銅的半反應式如下。

$$Cu \longrightarrow Cu^{2+} + 2e^- \quad \cdots\cdots①$$

首先，熱濃硫酸會在反應後轉變成二氧化硫，稀硝酸（硝酸根離子）[※]會轉變成一氧化氮，濃硝酸會轉變成二氧化氮。

$$H_2SO_4 \Rightarrow SO_2 \qquad NO_3^- \Rightarrow NO \qquad HNO_3 \Rightarrow NO_2$$

※ 稀硝酸的解離度很大，故會寫成硝酸根離子的形式。

用水調整氧的數量、用氫離子調整氫的數量後，加入電子使電荷平衡後，半反應式就完成了。

$$H_2SO_4 + 2H^+ + 2e^- \longrightarrow SO_2 + 2H_2O \quad \cdots\cdots②（熱濃硫酸）$$
$$NO_3^- + 4H^+ + 3e^- \longrightarrow NO + 2H_2O \quad \cdots\cdots③（稀硝酸）$$
$$HNO_3 + H^+ + e^- \longrightarrow NO_2 + H_2O \quad \cdots\cdots④（濃硝酸）$$

接著，將以上半反應式與銅的半反應式合併後，消去電子。下面就讓我們一一來確認吧。

（1）銅與熱濃硫酸

由①＋②可得

$$Cu + H_2SO_4 + 2H^+ \longrightarrow Cu^{2+} + 2H_2O + SO_2$$

兩邊都加上 SO_4^{2-} 就完成了！

$$Cu + 2H_2SO_4 \longrightarrow CuSO_4 + 2H_2O + SO_2$$

※ 實際操作時，會先將銅放入濃硫酸再加熱。

（2）銅與稀硝酸

由①×3可得

$$3Cu \longrightarrow 3Cu^{2+} + 6e^-$$

由③×2可得

$$2NO_3^- + 8H^+ + 6e^- \longrightarrow 2NO + 4H_2O$$

兩者合併，消去$6e^-$可得

$$3Cu + 8H^+ + 2NO_3^- \longrightarrow 3Cu^{2+} + 4H_2O + 2NO$$

再於兩邊加上$6NO_3^-$後完成！

$$3Cu + 8HNO_3 \longrightarrow 3Cu(NO_3)_2 + 4H_2O + 2NO$$

（3）銅與濃硝酸

由④×2可得

$$2HNO_3 + 2H^+ + 2e^- \longrightarrow 2NO_2 + 2H_2O$$

與①合併，消去$2e^-$後可得

$$Cu + 2HNO_3 + 2H^+ \longrightarrow Cu^{2+} + 2H_2O + 2NO_2$$

再於兩邊加上$2NO_3^-$後完成！

$$Cu + 4HNO_3 \longrightarrow Cu(NO_3)_2 + 2H_2O + 2NO_2$$

5 金屬離子與金屬單質的反應

　　將金屬單質放入另一種金屬離子水溶液時，依照2種金屬的離子化傾向大小關係，會產生不同反應。

（1）將鐵釘放入硫酸銅（Ⅱ）（CuSO₄）水溶液

※ 銅（Ⅱ）離子（Cu^{2+}）在水溶液中為藍色，故硫酸銅（Ⅱ）水溶液為藍色。

　　就離子化傾向而言，因Fe＞Cu，故鐵較容易轉變成離子溶解於水中。

$$Fe \longrightarrow Fe^{2+} + 2e^-$$

另一方面，銅比較不容易變成離子，故會從離子變回單質。

$$Cu^{2+} + 2e^- \longrightarrow Cu$$

將2個半反應式合併，消去2個電子後可得

$$Fe + Cu^{2+} \longrightarrow Fe^{2+} + Cu$$

故可知道「鐵會溶解在溶液內，且表面析出銅」。

（實驗時可以觀察到鐵釘表面轉變成紅褐色）

　　在兩邊分別加上硫酸根離子（SO_4^{2-}）後，化學反應式就完成了。

$$Fe + CuSO_4 \longrightarrow FeSO_4 + Cu$$

■ **將鐵釘放入硫酸銅（Ⅱ）水溶液後的變化**

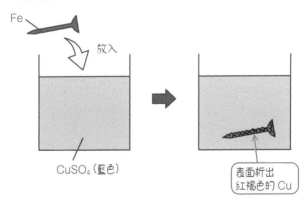

（2）將銅板放入硝酸銀（$AgNO_3$）水溶液

※銀（Ⅰ）離子（Ag^+）為無色，故硝酸銀水溶液為無色。

就離子化傾向而言，因 Cu > Ag，故銅較容易轉變成離子溶解於水中。

$$Cu \longrightarrow Cu^{2+} + 2e^- \quad \cdots\cdots ①$$

另一方面，銀比較不容易變成離子，故會從離子變回單質。

$$Ag^+ + e^- \longrightarrow Ag \quad \cdots\cdots ②$$

將①＋②×2，並消去2個電子後可得到

$$Cu + 2Ag^+ \longrightarrow Cu^{2+} + 2Ag$$

故可知道「銅會溶解在溶液內，且表面會析出銀」。

（實驗時可以觀察到銅板表面轉變成白色，水溶液轉變成藍色）

在兩邊分別加上2個硝酸根離子（NO_3^-）後，化學反應式就完成了。

$$Cu + 2AgNO_3 \longrightarrow Cu(NO_3)_2 + 2Ag$$

■ **將銅板放入硝酸銀水溶液後的變化**

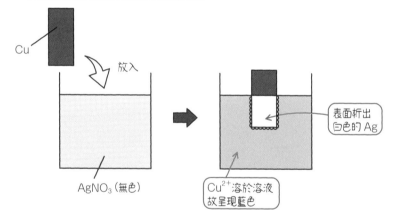

Cu

放入

AgNO₃（無色）

表面析出
白色的 Ag

Cu²⁺溶於溶液
故呈現藍色

專欄 鍍鋅鋼瓦與馬口鐵

鍍鋅鋼瓦（corrugated galvanised iron）與馬口鐵就是利用金屬離子化傾向製成的。鍍鋅鋼瓦是鍍了鋅的鐵板，馬口鐵則是鍍了錫（Sn）的鐵板。

鍍鋅鋼瓦常用在屋頂建造上。雖然鍍鋅鋼瓦容易受損，但在雨滴沾到受損處時，離子化傾向較大的鋅會優先與雨水反應生鏽，防止內部的鐵生鏽。

■ **鍍鋅鋼瓦**

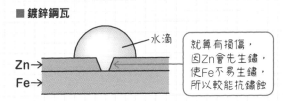

另一方面，馬口鐵過去常用於製作罐頭的罐身。馬口鐵在鐵的表面鍍了一層離子化傾向較小的錫，使內容物不易與罐身反應。不過，要是馬口鐵表面受損，鐵會比錫還要快生鏽，所以馬口鐵不耐受損。不過，只要不打開罐頭，內側就不可能會受損，所以可以用於罐身製作。

雖然都是在鐵板表面鍍一層金屬，但依據使用的金屬離子化傾向比鐵大或小，防止鐵鏽蝕的原理也不一樣。

■ **馬口鐵**

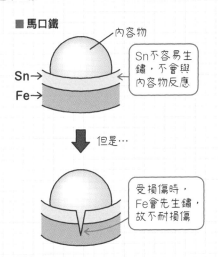

第20講 電池

電池是「將化學能轉變成電能的裝置」，轉換過程中會用到「氧化還原反應」。「電流的方向」與「電子流的方向」剛好相反！

1 電池

電池是藉由氧化還原反應產生電能的裝置。
利用氧化劑與還原劑之間的電子轉移產生電能！

電池的原理

利用氧化還原反應產生電能，再將電能輸出至外部的裝置，稱為「電池」。若將2個離子化傾向不同的金屬以導線連接，再浸泡於電解液中，電子就會從離子化傾向較大的金屬（還原劑）經導線流向離子化傾向較小的金屬（氧化劑）。電流則沿著電子流的相反方向移動。

電池可分為「正極」和「負極」。另外，兩極間的電位差（電壓）稱為「電動勢」。

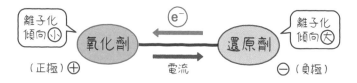

延伸 丹尼爾電池

用素燒板將容器分為兩邊，一邊倒入硫酸銅（Ⅱ）（$CuSO_4$）溶液，另一邊倒入硫酸鋅（$ZnSO_4$）溶液，再將以導線連接的銅板與鋅板分別浸入溶液內，這種電池叫做「丹尼爾電池」。

■丹尼爾電池

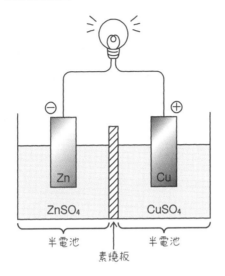

半電池 | 半電池

素燒板

 什麼是半電池？

　　將金屬單質浸泡在同一種金屬離子的水溶液內，就是所謂的「半電池」。

　　舉例來說，將金屬鋅（Zn）浸泡在鋅離子（Zn^{2+}）水溶液內，就是一種半電池。同樣的，將金屬銅（Cu）浸泡在銅（Ⅱ）離子（Cu^{2+}）水溶液內，也是半電池。
（本例中，鋅離子水溶液為硫酸鋅（$ZnSO_4$）水溶液，銅（Ⅱ）離子水溶液為硫酸銅（Ⅱ）（$CuSO_4$）溶液。）

■鋅半電池

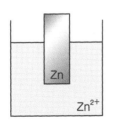

■銅半電池

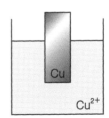

　　丹尼爾電池中，「鋅半電池與銅半電池是以素燒板（板上有許多小孔，可以讓離子自由移動）分隔」。

與銅相比，鋅的離子化傾向較大，故鋅會變成陽離子。銅的離子化傾向較小，故銅（Ⅱ）離子會變成銅原子。所以電子會從鋅板經導線移動到銅板。

　　電流方向與電子的移動方向相反，故電流會從銅板流往鋅板。

　　因為電流是從電池的正極流向電池的負極，所以可知「銅板是正極」、「鋅板是負極」。

■ 丹尼爾電池的電子與電流流向

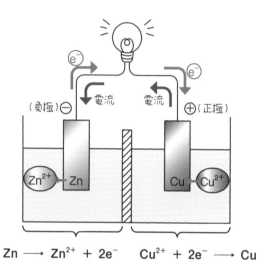

$$Zn \longrightarrow Zn^{2+} + 2e^- \qquad Cu^{2+} + 2e^- \longrightarrow Cu$$

　　另外，與電池反應直接相關的物質稱為「活性物質」。丹尼爾電池的負極活性物質為鋅，正極活性物質為銅（Ⅱ）離子，故其組成可用下方的形式呈現。

$$(-)Zn \,|\, ZnSO_4aq \,|\, CuSO_4aq \,|\, Cu\,(+)$$

鋅半電池內的鋅離子會逐漸增加；銅半電池內的銅（Ⅱ）離子會逐漸減少。為平衡電荷差異，硫酸根離子（SO_4^{2-}）會透過素燒板移動到鋅半電池。

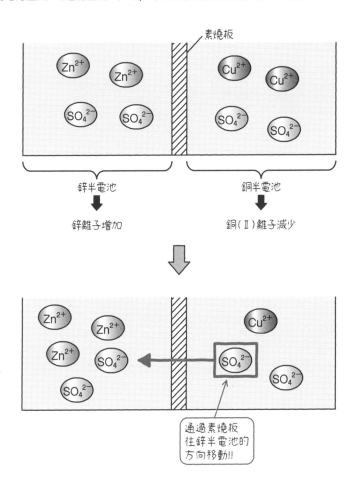

通過素燒板
往鋅半電池的
方向移動!!

碰到電池問題時，最重要的是需立刻「判斷哪邊是正極，哪邊是負極」。要是弄錯正負極的話，答案就會完全顛倒。

丹尼爾電池是利用離子化傾向的差異製成的電池，「離子化傾向較大的一邊是負極」！考試時需講求速度，把這個原則記起來會方便許多。

離子化傾向大➡負極

伏打電池

　　用導線連接鋅板與銅板，再浸於稀硫酸（H_2SO_4）內，就是所謂的「伏打電池」。鋅的離子化傾向比氫還要大，故放入稀硫酸中時，會溶解並產生氫氣。要注意的是，伏打電池中，氫離子會從銅板表面獲得電子，故氫氣會在銅板表面生成。

■ **伏打電池的電子與電流流向**

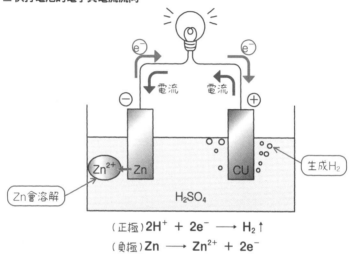

$$（正極）2H^+ + 2e^- \longrightarrow H_2\uparrow$$
$$（負極）Zn \longrightarrow Zn^{2+} + 2e^-$$

　　突然看到這樣的結果，想必應該也很難馬上理解吧，讓我們從頭開始說明吧。（氫氣在銅板表面生成，看起來就像是銅板正在溶解一樣，但其實並非如此！）

　　首先，鋅會在稀硫酸內溶解並生成氫氣。

$$Zn + 2H^+ \longrightarrow Zn^{2+} + H_2 \quad \cdots\cdots①$$

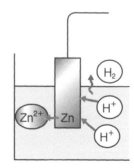

然而，這會讓鋅板表面布滿鋅離子（Zn^{2+}），使氫離子（H^+）無法靠近，因此無法產生反應。

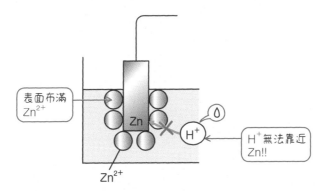

於是，氫離子改從銅板處獲得電子（e^-）。銅板釋出的電子則由鋅板透過導線提供。

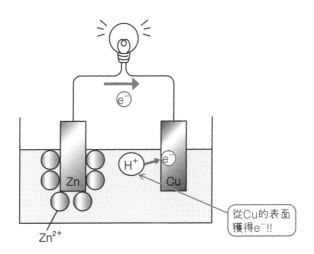

也就是說，氫離子會從銅板表面獲得電子（產生H_2），鋅板表面的鋅則會持續失去電子而逐漸溶解（不會產生氫氣!!）。

$$2H^+ + 2e^- \longrightarrow H_2 \quad \cdots\cdots ②$$
$$Zn \longrightarrow Zn^{2+} + 2e^- \quad \cdots\cdots ③$$

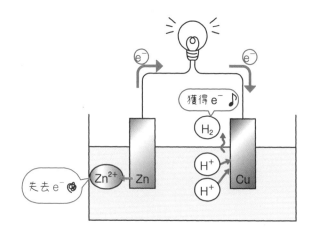

將②＋③可得到①式。

也就是說，電池的反應雖然與「鋅溶解於稀硫酸並生成氫氣」相同，但「鋅的溶解與氫氣的生成發生在不同地方」！

最後，氫氣在銅板表面生成，鋅表面的鋅則會溶解。電子流入銅板，即電流流出銅板，這表示銅板是「正極」；電子從鋅板流出，即電流流入鋅板，這表示鋅板是「負極」。

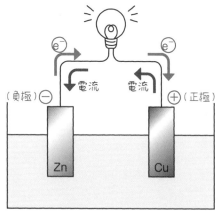

伏打電池放電一陣子後，會有許多氫氣的泡泡附著在銅板（正極板）表面，阻礙反應進行，使電動勢從1.1 V降至0.4 V（V：伏特，電壓的單位）。這種現象叫做「電池的極化」。

2 實用電池

第 1 章

第 2 章

第 3 章

第 4 章

第 5 章

第 6 章

> **速成重點！**
>
> 無法充電的電池稱為一次電池。
>
> **可充電再使用**的電池稱為二次電池。

一次電池與二次電池

　　錳乾電池、鹼性乾電池、鋰電池等，放電後就不能再使用（無法充電）的電池叫做「**一次電池**」。

　　相較於此，鉛蓄電池、鎳鎘電池、鋰離子電池等，可以充電並重複使用的電池叫做「**二次電池**」。

延伸 錳乾電池

　　「**錳乾電池**」的負極活性物質為鋅，正極活性物質為二氧化錳（Ⅳ）（MnO_2），電解液則為氯化鋅（$ZnCl_2$）與氯化銨（NH_4Cl）的水溶液。電動勢約為1.5 V，電池組成如下。

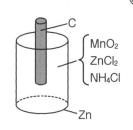

$$(-)Zn \mid NH_4Claq, ZnCl_2aq \mid MnO_2, C(+)$$

　　錳乾電池的原理與「伏打電池」相同。不過，錳乾電池的正極有石墨（C）。

$$(正極) \quad 2H^+ + 2e^- \longrightarrow H_2$$
$$(負極) \quad Zn \longrightarrow Zn^{2+} + 2e^-$$

　　電池內的二氧化錳（Ⅳ）為氧化劑，可將正極生成的氫氣（H_2）立刻氧化成水（H_2O），故乾電池內部不會產生氫氣。

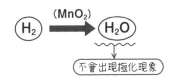

另外，鋅離子（Zn^{2+}）會與氯化銨形成錯離子（本例中為四氨鋅（II）錯離子〔$Zn(NH_3)_4$〕$^{2+}$），故鋅離子不會增加（要是鋅離子增加的話，就容易產生反方向的反應（可參考「**反電動勢**」））。

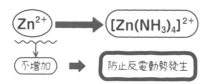

延伸 鉛蓄電池

「**鉛蓄電池**」的負極活性物質為鉛（Pb），正極活性物質為二氧化鉛（IV）（PbO_2），電解液為稀硫酸。電動勢約為 2.1 V，組成如下所示。

$$(-)Pb \mid H_2SO_4aq \mid PbO_2(+)$$

放電時的正極與負極的半反應式推導如下。

負極的鉛（Pb）會轉變成硫酸鉛（II）（$PbSO_4$）。

$$Pb \longrightarrow PbSO_4$$

在左邊加上硫酸根離子（$SO_4{}^{2-}$）。

$$Pb + SO_4{}^{2-} \longrightarrow PbSO_4$$

平衡兩邊電荷（負極半反應式完成!!）。

$$Pb + SO_4{}^{2-} \longrightarrow PbSO_4 + 2e^- \quad \cdots\cdots①$$

此外，正極的二氧化鉛（IV）也會轉變成硫酸鉛（II）。

$$PbO_2 \longrightarrow PbSO_4$$

■ 鉛蓄電池的電子與電流流向

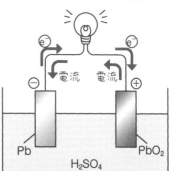

與金屬（鉛是金屬）結合的氧在反應後會生成水（→p.165「半反應式建構原則」）。

$$PbO_2 \longrightarrow PbSO_4 + 2H_2O$$

（2個O原子
生成2個H_2O分子）

右邊有4個氫原子，故需以氫離子平衡。

$$PbO_2 + 4H^+ \longrightarrow PbSO_2 + 2H_2O$$

（用 H 平衡
4 個 H^+原子）

在左邊加上硫酸根離子，平衡電荷（正極半反應式完成！）。

$$PbO_2 + 4H^+ + SO_4^{2-} + 2e^- \longrightarrow PbSO_4 + 2H_2O \quad\cdots\cdots②$$

由①＋②，可以得到放電時的整個反應，如下所示。

$$PbO_2 + Pb + 2H_2SO_4 \longrightarrow 2PbSO_4 + 2H_2O$$

充電時的反應則為逆反應。

$$2PbSO_4 + 2H_2O \longrightarrow PbO_2 + Pb + 2H_2SO_4$$

參考 鉛蓄電池的充電機制

鉛蓄電池的電動勢「約2.1 V」，可用於汽車電池。汽車用的鉛蓄電池是由6個鉛蓄電池串聯而成，電動勢約為12 V。

充電時，需將電池連接外部電源。此時「正極與正極相連」、「負極與負極相連」。充電時的電池會變成「**電解槽**」，「＋」為**陽極**，「－」為**陰極**（→第21講）。

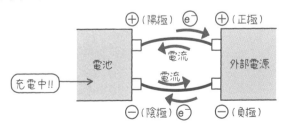

延伸 燃料電池

「**燃料電池**」中，做為燃料的氫被氧化時所產生的能量，會直接以電能的形式釋放。負極活性物質為氫，正極活性物質為氧，電池組成如下。

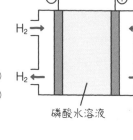

$$(-)H_2 \mid H_3PO_4 aq \mid O_2(+)$$

（正極）　$O_2 + 4H^+ + 4e^- \longrightarrow 2H_2O$

$$\cdots\cdots ①$$

（負極）　$H_2 \longrightarrow 2H^+ + 2e^-$ 　　……②

由①＋②×2可得到全反應如下

$$2H_2 + O_2 \longrightarrow 2H_2O$$

與氫的燃燒反應相同。

以KOH為電解液時的反應

KOH為鹼性，故正極反應需在①的兩邊各加上「$4OH^-$」得到

（正極）　$O_2 + 4H^+ + 4e^- \longrightarrow 2H_2O$

$$+) \quad\quad + 4OH^- \quad\quad\quad\quad + 4OH^-$$

$$\overline{O_2 + 4H_2O + 4e^- \longrightarrow 2H_2O + 4OH^-}$$

兩邊分別消去「$2H_2O$」，可得

$$O_2 + 2H_2O + 4e^- \longrightarrow 4OH^- \quad\cdots\cdots①'$$

負極反應則需在②的兩邊各加上「$2OH^-$」得到

（負極）　$H_2 \quad\quad\quad\quad \longrightarrow 2H^+ + 2e^-$

$$+) \quad\quad + 2OH^- \quad + 2OH^-$$

$$\overline{H_2 + 2OH^- \longrightarrow 2H_2O + 2e^- \quad\cdots\cdots②'}$$

由①′＋②′×2可得到全反應如下

$$2H_2 + O_2 \longrightarrow 2H_2O$$

與氫的燃燒反應相同。

電解

　　用外部電源為水溶液通電時，可能會產生氣體，或者電極板可能會溶解。本節中將整理電解時，陽極與陰極分別會產生什麼樣的反應。

電解

速成重點！

陽極會發生**氧化反應**，**陰極**會發生**還原反應**！

　　含電解質之水溶液通電時會產生氧化還原反應，這個過程叫做「**電解**」。電解時，與電池正極相連的電極稱為「**陽極**」，與電池負極相連的電極稱為「**陰極**」。

■ 電解

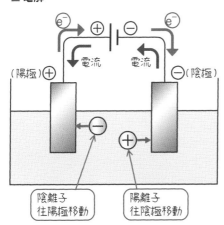

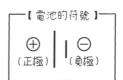

【電池的符號】

⊕　｜｜　⊖
（正極）　（負極）

（1）陽極反應（氧化反應）

陽極與電池正極以導線連接，故反應為「**電流流入→電子流出→被氧化**」，也就是發生「**氧化反應**」。

① 極板為銀（Ag）或銅（Cu）時

陽極會失去電子，並逐漸溶解於電解液中。

$$Ag \longrightarrow Ag^+ + e^-$$
$$Cu \longrightarrow Cu^{2+} + 2e^-$$

② 極板為鉑（Pt）或碳（石墨）時

極板相當穩定，故由電解質的陰離子釋出電子。

（ⅰ）陰離子是鹵素離子時，鹵素離子會失去電子，生成鹵素單質。

$$2Cl^- \longrightarrow Cl_2\uparrow + 2e^-$$

（ⅱ）陰離子是氫氧根離子時，氫氧根離子會失去電子，生成氧氣。

$$4OH^- \longrightarrow O_2\uparrow + 2H_2O + 4e^-$$

（ⅲ）陰離子是硫酸根離子（SO_4^{2-}）與硝酸根離子（NO_3^-）時難以被氧化，故被氧化的是水分子，與（ⅱ）一樣會生成氧氣。

$$2H_2O \longrightarrow O_2\uparrow + 4H^+ + 4e^-$$

（2）陰極反應（還原反應）

　　陰極與電池負極以導線連接，故反應為「**電流流出→電子流入→被還原**」，也就是發生「**還原反應**」。

　　與陽極不同，電子會流入陰極，故極板不會溶解於電解液中。由電解質的陽離子接收電子。

① **陽離子為金屬離子時**

通常陰極會析出金屬。

$$Ag^+ + e^- \longrightarrow Ag$$
$$Cu^{2+} + 2e^- \longrightarrow Cu$$

② **陽離子為氫離子時**

由氫離子接收電子，生成氫氣。

$$2H^+ + 2e^- \longrightarrow H_2\uparrow$$

③ **陽離子為離子化傾向較大（Al以上）的金屬時**

水被還原，生成氫氣。

$$2H_2O + 2e^- \longrightarrow H_2\uparrow + 2OH^-$$

第 1 章
第 2 章
第 3 章
第 4 章
第 5 章
第 6 章

金屬精鍊

延伸 第22講

從金屬礦石中提煉出金屬單質的過程稱為「冶鍊」。冶鍊後金屬經過「精鍊」後，可進一步提升純度。精鍊過程會藉由「還原反應」獲得金屬單質。

金屬的精鍊

 速成重點！

冶鍊鐵時會**用一氧化碳行還原反應**。
電解可用於銅的精鍊（**電解精鍊**）。

　　金屬源自大自然中開採出來的礦石，但剛開採出來的金屬幾乎都不是單質（黃金的離子化傾向較小，故開採出來時常是單質形式），多是生鏽的狀態，或者含有許多雜質。

　　為礦石「除鏽（也就是「還原」）」，或者是「去除雜質」，進而獲得金屬單質的過程，稱為「**冶鍊**」。

　　冶鍊得到的金屬仍會存在少量雜質。將這些雜質去除，進而使金屬純度提升的過程稱為「**精鍊**」。

（1）鐵的冶鍊

冶鍊鐵時會用到「**鐵礦石**」、「**焦炭**」及「**石灰石**」。鐵礦石多為赤鐵礦（化學式為Fe_2O_3：氧化鐵（Ⅲ）），也常用到磁鐵礦（Fe_3O_4：四氧化三鐵）與黃鐵礦（FeS_2：二硫化鐵）。焦炭可以想成是純粹的碳（石墨）。石灰石則是碳酸鈣（$CaCO_3$）。

將這些礦石一層層放入熔礦爐中，從送風口中會吹入約1600℃的熱風。

■ **熔礦爐**

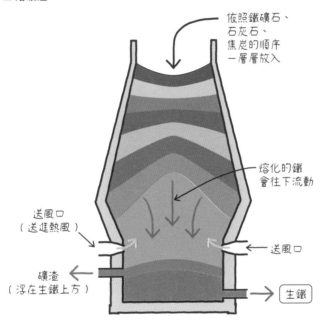

依照鐵礦石、石灰石、焦炭的順序一層層放入

熔化的鐵會往下流動

送風口（送進熱風）

送風口

礦渣（浮在生鐵上方）

生鐵

首先，碳酸鈣受熱分解出二氧化碳，焦炭經燃燒後亦會產生二氧化碳。

$$CaCO_3 \longrightarrow CaO + \underline{CO_2}$$
$$C + O_2 \longrightarrow \underline{CO_2}$$

接著，焦炭會與二氧化碳反應生成一氧化碳，焦炭燃燒不完全也會產生一氧化碳。。

$$C + CO_2 \longrightarrow \underline{2CO}$$
$$2C + O_2 \longrightarrow \underline{2CO}$$

一氧化碳可還原鐵礦石，生成鐵。

$$Fe_2O_3 + 3CO \longrightarrow \underline{\underline{2Fe}} + 3CO_2$$

※隨著溫度改變而逐漸還原成鐵（$Fe_2O_3 \to Fe_3O_4 \to FeO \to Fe$）。

經過以上過程的鐵會從熔礦爐底下流出。這種狀態的鐵含有許多碳元素，稱為「**生鐵**」。生鐵接著會被轉移至轉爐，並送入氧氣，使碳燃燒成二氧化碳散逸，得到「**鋼**」。

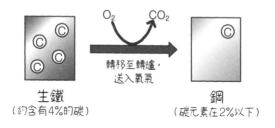

生鐵
（約含有4%的碳）

鋼
（碳元素在2%以下）

另外，熔礦爐內的生鐵上方會浮著「**礦渣**」。礦渣內含有的大量矽酸鈣，是由石灰石分解後產生的CaO與雜質中的SiO_2等化合而成。

$$CaO + SiO_2 \longrightarrow CaSiO_3$$

矽酸鈣
（礦渣主成分）

（2）銅的精鍊

銅由銅礦石冶鍊而成。「**黃銅礦**（主成分：$CuFeS_2$）」是代表性的銅礦石。黃銅礦經轉爐冶鍊後可以得到銅。

※ 反應式參考就好，出題時幾乎都會給反應式。

$$2CuFeS_2 + 4O_2 + 2SiO_2 \longrightarrow Cu_2S + 2FeSiO_3 + 3SO_2$$

$$Cu_2S + O_2 \longrightarrow \underline{\underline{2Cu}} + SO_2$$
$$\quad\quad\quad\quad\quad\quad \text{粗銅}$$

冶鍊後的銅多含有金、銀、鉛等雜質，稱為「**粗銅**」。以硫酸銅（Ⅱ）（$CuSO_4$）的稀硫酸水溶液作為電解液，粗銅為陽極，純銅為陰極進行電解，便可在陰極析出「**純銅**」。

■ **銅的電解精鍊**

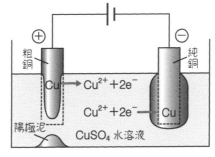

$$\text{（陽極）} \quad Cu \longrightarrow Cu^{2+} + 2e^-$$
$$\text{（陰極）} \quad Cu^{2+} + 2e^- \longrightarrow Cu$$

這種用電解精鍊金屬的方法叫做「**電解精鍊**」。

為什麼電解法可以去除雜質呢？我們可從「離子化傾向」的角度來思考。

① **當粗銅內含的金屬之離子化傾向比銅還要小時**

　〈金（Au）、銀（Ag）〉

　陽極的銅會變成陽離子，溶解於電解液中。

　不過，離子化傾向比銅還要小的金屬卻不會變成陽離子，而是在陽極附近沉澱下來（稱為「**陽極泥**」）。

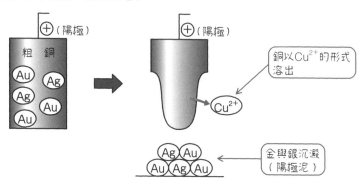

② **當粗銅內含的金屬之離子化傾向比銅還要大時**

　〈鎳（Ni）、鐵（Fe）〉

　陽極上離子化傾向比銅還要大的金屬也會和銅一起變成陽離子，溶解在電解液中。

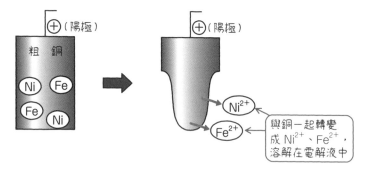

第 **1** 章

第 **2** 章

第 **3** 章

第 **4** 章

第 **5** 章

第 **6** 章

不過，陰極只有銅（Ⅱ）離子能還原成銅單質，離子化傾向比銅大的金屬離子則不會還原。因此，鎳離子或鐵離子等陽離子會留在電解液內。

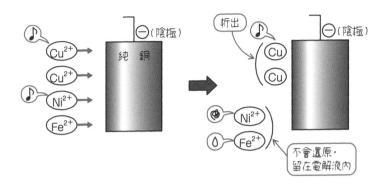

③ 當粗銅內含的金屬雜質為鉛（Pb）時

鉛的情況比較特殊。鉛的離子化傾向比銅大，故會變成陽離子，溶解在電解液中；但溶出的鉛離子又會馬上與電解液中的硫酸根離子（電解液為「硫酸銅（Ⅱ）的稀硫酸水溶液」！）結合形成硫酸鉛（Ⅱ），形成陽極泥沉澱。

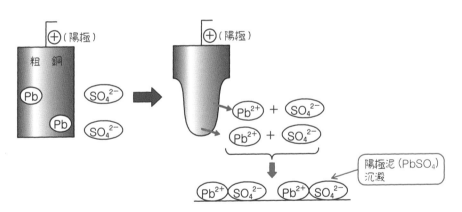

由①、②、③可以知道，陰極「僅會析出銅」。

化合物中的氫，氧化數永遠都是＋1嗎？

單質的氫氣（H_2）中，氫的氧化數為0，那麼化合物中的氫的氧化數永遠都是「＋1」嗎？

有種化合物是氫化鈉（NaH）。鈉的電負度比氫還要小，故電子會被氫吸走。

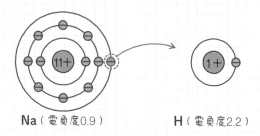

Na（電負度0.9）　　　　　**H**（電負度2.2）

此時鈉的電子組態與氖（Ne）相同（就和平常的鈉離子一樣），氫的電子組態則與氦（He）相同，兩者皆會變得比較穩定。因此，鈉的氧化數為「＋1」，氫的氧化數為「－1」。

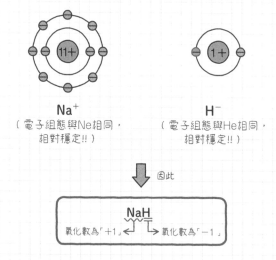

Na⁺
（電子組態與Ne相同，
相對穩定!!）

H⁻
（電子組態與He相同，
相對穩定!!）

因此

NaH
氧化數為「＋1」　　　氧化數為「－1」

氫化鈉這個物質不需特別背誦，考試頂多只會考「氧化數」之類的問題而已。除了這種特殊例子之外，化合物中氫的氧化數皆可視為「＋1」。

著者
二見太郎

考入東京大學理科三類，醫學部醫學科畢業。

曾於大型補習班擔任約 20 年的化學科講師

（後 10 年以線上授課為主），2007 年

獨自成立網路補習班「二見總研」。

除了化學以外，也會教導其他理組學科的重要概念。

上過他的課後，其他科的成績也會跟著提升，因而備受好評。

另外，在他還是考生的時候就很擅長計算。

所以在說明化學的計算題時，一定會提到數值的概算步驟，

廣受前段考生的支持。

他還會「引導學生們思考」需記憶的項目，

讓這些內容變得更為精簡，

所以初學者也很喜歡他上的課。

二見總研首頁

http://www.futamisouken.com/

Staff List

書籍設計	插畫
五味朋代（株式會社Phrase）	サタケシュンスケ
企畫編輯	編輯協力
小椋恵梨	秋下幸恵　石割とも子　渡辺泰葉
DTP	校正
株式會社四國寫研	福森美惠子　佐々木貴浩　鈴木康通　出口明憲
圖版製作	
有限會社熊ART　株式會社ART工房	

Futami Taro no Hayawakari Kagaku（Kagaku Kiso + Kagaku）
©Taro Futami/Gakken
First published in Japan 2020 by Gakken Plus Co., Ltd., Tokyo
Traditional Chinese translation rights arranged with Gakken Plus Co., Ltd.

重點整理、有效學習！
高中化學基礎

2020年12月1日初版第一刷發行

著　　　者	二見太郎
譯　　　者	陳朕疆
編　　　輯	劉皓如
美 術 編 輯	竇元玉
發 行 人	南部裕
發 行 所	台灣東販股份有限公司
	＜網址＞http://www.tohan.com.tw
法 律 顧 問	蕭雄淋律師
總 經 銷	聯合發行股份有限公司
	＜電話＞(02)2917-8022
香 港 發 行	萬里機構出版有限公司
	＜地址＞香港北角英皇道499號北角工業大廈20樓
	＜電話＞（852）2564-7511
	＜傳真＞（852）2565-5539
	＜電郵＞info@wanlibk.com
	＜網址＞http://www.wanlibk.com
	http://www.facebook.com/wanlibk
香 港 經 銷	香港聯合書刊物流有限公司
	＜地址＞香港荃灣德士古道220-248號
	荃灣工業中心16樓
	＜電話＞（852）2150-2100
	＜傳真＞（852）2407-3062
	＜電郵＞info@suplogistics.com.hk
	＜網址＞http://www.suplogistics.com.hk

TOHAN